Environmental Design
Reading this is enough

陈根
主编

皇甫舟楠
副主编

U0388044

环境艺术设计
看这本就够了 全彩升级版

化学工业出版社
·北京·

本书紧扣当今环境艺术设计（简称环艺设计）学的热点、难点与重点，主要内容涵盖了广义环艺设计所包括的环艺设计概论、环艺风格与流派、环艺设计基本原理、环境空间的设计、建筑造型的设计、家具设计、陈设设计、绿化设计、室内色彩设计、照明设计、环艺设计的材料及应用、环境人体工程学及现代环艺设计发展趋势共13个方面的内容，全面介绍了环艺设计学科的相关知识和所需掌握的专业技能。同时各个章节中精选了大量与理论紧密相关的图片和案例，增加了内容的生动性、可读性和趣味性。

本书可供环艺专业设计人员以及相关设计专业师生学习和参考。

图书在版编目（CIP）数据

环境艺术设计看这本就够了：全彩升级版 / 陈根主编. -- 北京：化学工业出版社，2019.9（2023.6 重印）
ISBN 978-7-122-34837-1

Ⅰ. ①环… Ⅱ. ①陈… Ⅲ. ①环境设计 - 研究 Ⅳ. ①TU-856

中国版本图书馆 CIP 数据核字（2019）第 140893 号

责任编辑：王 烨 邢 涛 项 潋　　美术编辑：王晓宇
责任校对：王鹏飞　　装帧设计：水长流文化

出版发行：化学工业出版社（北京市东城区青年湖南街 13 号　邮政编码 100011）
印　　装：涿州市般润文化传播有限公司
710mm×1000mm　1/16　印张 16¼　字数 327 千字　2023 年 6 月北京第 1 版第 4 次印刷

购书咨询：010-64518888　　售后服务：010-64518899
网　　址：http://www.cip.com.cn
凡购买本书，如有缺损质量问题，本社销售中心负责调换。

定　价：89.00 元　　　　　　　　　　　　　版权所有　违者必究

前言

消费是经济增长重要"引擎",是中国发展巨大潜力所在。在稳增长的动力中,消费需求规模最大、和民生关系最直接。

供给侧改革和消费转型呼唤工匠精神,工匠精神催生消费动力,消费动力助力企业成长。中国经济正处于转型升级的关键阶段,涵养中国的现代制造文明,提炼中国制造的文化精髓,将促进我国制造业实现由大国向强国的转变。

而设计是什么呢?我们常常把"设计"两个字挂在嘴边,比方说那套房子装修得不错、这个网站的设计很有趣、那张椅子的设计真好、那栋建筑好另类……设计俨然已成日常生活中常见的名词了。2015年10月,国际工业设计协会(ICSID)在韩国召开第29届年度代表大会,沿用近60年的"国际工业设计协会(ICSID)"正式改名为"国际设计组织"(WDO, World Design Organization),会上还发布了设计的最新定义。新的定义如下:设计旨在引导创新、促发商业成功及提供更好质量的生活,是一种将策略性解决问题的过程应用于产品、系统、服务及体验的设计活动。它是一种跨学科的专业,将创新、技术、商业、研究及消费者紧密联系在一起,共同进行创造性活动,并将需解决的问题、提出的解决方案进行可视化,重新解构问题,并将其作为建立更好的产品、系统、服务、体验或商业网络的机会,提供新的价值以及竞争优势。设计是通过其输出物对社会、经济、环境及伦理方面问题的回应,旨在创造一个更好的世界。

由此我们可以理解,设计体现了人与物的关系。设计是人类本能的体现,是人类审美意识的驱动,是人类进步与科技发展的产物,是人类生活质量的保证,是人类文明进步的标志。

设计的本质在于创新,创新则不可缺少"工匠精神"。本系列图书基于"供给侧改革"与"工匠精神"这一对时代"热搜词",洞悉该背景下的诸多设计领域新的价值主张,立足创新思维而出版,包括了《工业设计看这本就够了》《平面设计看这本就够了》《家具设计看这本就够了》《商业空间设计看这本就够了》《网店设计看这本就够了》《环境艺术设计看这本就够了》《建筑设计看这本就够了》《室内设计看这本就够了》共8

个分册。

本系列图书第一版出版已有两三年的时间，近几年随着"供给侧改革"的不断深入，商业环境和模式、设计认知和技术也以前所未有的速度不断演化和更新，尤其是一些新的中小企业凭借设计创新而异军突起，为设计知识学习带来了更新鲜、更丰富的实践案例。

本次修订升级，一是对内容体系进一步梳理，全面精简、重点突出；二是，在知识点和案例的结合上，更加优化案例的选取，增强两者的贴合性，让案例真正起到辅助学习知识点的作用；三是增加了近几年有代表性的商业案例，突出新商业、新零售、新技术，删除年代久远、陈旧落后的技术和案例。

本书紧扣当今环艺设计学的热点、难点和重点，主要内容涵盖了广义环艺设计所包括的环艺设计概论、环艺风格与流派、环艺设计基本原理、环境空间的设计、建筑造型的设计、家具设计、陈设设计、绿化设计、室内色彩设计、照明设计、环艺设计的材料及应用、环境人体工程学及现代环艺设计发展趋势共13个方面的内容，全面介绍了环艺设计学科的相关知识和所需掌握的专业技能，知识体系相辅相成，非常完整。同时在本书的各个章节中精选了很多与理论紧密相关的图片和案例，增加了内容的生动性、可读性和趣味性，无论对于哪个人群的读者，都会轻松自然、易于理解和接受。

本书涉及环艺设计的多个重要流程，在许多方面提出了创新性的观点，可以帮助从业人员更深刻地了解环艺设计这门专业；帮助环艺规划与开发企业确定整体环境的类型和风格方向，系统地提升环艺的艺术性、功能性、实用性和竞争力；指导和帮助欲进入环艺设计行业者提升产业认识和专业知识技能。

本书由陈根主编，皇甫舟楠副主编，周美丽、李子慧参加编写。其中，陈根编写第 1 ~ 3 章，周口师范学院皇甫舟楠编写第 4 ~ 10 章，周美丽、李子慧编写第 11 ~ 13 章。陈道利、朱芋锭、陈道双、陈小琴、高阿琴、陈银开、向玉花、李文华、龚佳器、陈逸颖、卢德建、林贻慧、黄连环、石学岗、杨艳为本书的编写提供了帮助，在此一并表示感谢。

由于我们水平及时间所限，书中不妥之处，敬请广大读者及专家批评指正。

编者

CONTENTS 目录

01 环境艺术设计概论

02 环境艺术风格和流派

03 环境艺术设计的基本原理

04 环境空间的设计

05 建筑造型设计

06 家具设计

07 陈设设计

08 绿化设计

09 室内色彩设计

10 照明设计

11 环境艺术设计的材料应用

12 环境人体工程学

13 现代环境艺术设计发展趋势

参考文献

01

环境艺术
设计概论

1.1　环境艺术设计的概念

环境艺术是一个尚在发展中的学科，目前还没有形成完整的理论体系。关于它的学科对象研究和设计的理论范畴以及工作范围，包括定义的界定都没有比较统一的认识和说法。这里先引用著名环境艺术理论家多伯（Richard P.Dober）的环境艺术定义。

多伯说："环境艺术作为一种艺术，它比建筑艺术更巨大，比规划更广泛，比工程更富有感情。这是一种重实效的艺术，早已是被传统所瞩目的艺术。环境艺术的实践与人影响其周围环境功能的能力，赋予环境视觉次序的能力，以及提高人类居住环境质量和装饰水平的能力是紧密地联系在一起的。"多伯的环境艺术定义，是迄今为止具有权威性、比较全面、比较准确的定义。他虽然声言这只是从艺术角度讲的，是"作为艺术"的环境艺术定义，但是它已经远远超出了过去门类艺术的陈腐观念。该定义指出，环境艺术范围广泛、历史悠久，不仅具有一般视觉艺术特征，还具有科学、技术、工程特征。在多伯定义的基础上，环境艺术的定义被概括为：环境艺术是人与周围的人类居住环境相互作用的艺术。环境艺术是一种场所艺术、关系艺术和对话艺术。

所谓场所艺术，不仅指物质实体、空间外壳这些可见的部分，还包括不可见的、但是确实在对人起作用的部分，如氛围、活动范围、声、光、电、热、风、雨、云等，它们是作用于人的视觉、听觉、触觉和心理、生理、物理等方面的诸多因素。形成"场所感"的关键问题是，经营位置和有效地利用自然和人文的各种材料和手段（如光线、阴影、声音、地形、历史典故等），形成这一环境特有的性格特征。所谓关系艺术，是指进行环境艺术设计时，必须恰当地处理各方面的关系：人与环境的关系，环境诸因素之间的关系，因素内部组成之间的关系等。关系可以分成不同层次、不同的范畴，如人—建筑—环境；人—社会—自然；人—雕塑—背景……诸关系的核心是人。因而以尺度（或尺度感）作为衡量关系处理得好坏、水平高低的标准。"尺度"在这里主要是从视觉角度讲的，它不同于"尺寸"，尺寸是客观地度量出来的，而"尺度"（或"尺度感"）是主观的度量，即人所具有的感受，不是具体的尺寸。对话艺术则体现在两个方面，一是环境所包括的"关系"无穷之多，它们必须有机地组合起来，彼此"对话"；另一方面，人们普遍希望"对话"，这是当代环境以人为主的民主性特征，人们已经不满足于仅仅是物质的丰富和表层信息变化的享有，更不能容忍那种非人性的压抑人的环境。人们追求深层心理的满足、感情的交流和陶冶，追求美和美感的享受。

1.2 现代环境艺术设计的特征

1.2.1 环境与人的关系特征

美国著名建筑理论家卡斯腾·哈里斯曾说："大部分时间中，尤其是在移动时，我们的身体是感知空间的媒介。"人们总是通过亲身参与各种活动来感知空间，于是，人体本身也自然成为感知并衡量空间的天然标准。因此，可以说作为感知并衡量空间标准的人与环境之间的物质、能量及信息的交换关系，是室内外环境各要素中最基本的关系。

环境是人类生存发展的基本空间，广义上是指围绕主体，并对主体的行为产生影响的外界事物。对人类而言，一方面它是一种外部客观物质存在，为人类的生活和生产活动提供必要的物质条件与精神需求（亲切感、认同感、指认感、文化性、适应性等）；另一方面，人类也按照自身的理想和需要，不断地改造和创建自己的生存环境，包括根据人们认识的不同阶段对环境起到的创造、破坏、保全作用的内容。总之，环境与人是相互作用、相互适应的关系，并随着自然与社会的发展而始终处于动态性的变化之中。

1.2.1.1 人对环境

现代环境观念的发展也具体体现在人对环境的"选择"和"包容"的意识中。在从事研究和设计时，对那些即将消亡但并无碍于生活发展的、那些只属于承继先人和连接未来的东西，应有意识地加以挖掘、利用和维护。城市是人们长期经营和创造的结果，城市风格的多样性和独特性证明了其自身的生命力。实践已显示"保全"的城市建设思想亦会对城市风格的多样化再立新功。一座城市、一个街区乃至一个庭院（单元环境）都具有自己的共性和个性文化，它们世代相传，每个时代的人们及社会都曾为此付出脑力劳动和经济代价。这些代价的后果可能使环境勃发生机，也可能导致环境的僵化和泯灭。创造、破坏、保全的城市建设思想，是相互连接的，其中并无截然的界限。由此，在人对环境这一问题上，必须同时兼顾创造与保全这两项目标的并行，在不破坏的基础上、着力保全的同时进行有意识的创造，才会使我们对城市环境的整治更接近于环境的本质属性——自然整体。

1.2.1.2 环境对人

1943年，美国人文主义心理学家马斯洛在《人类动机理论》一书中提出了"需要等级"的理论。他认为，人类普遍具有五种主要需求，由低到高依次是生理需求、安全需求、社会需求、自尊需求和自我实现需求。在不同的时期和环境，人们对各种需求的强烈程度会有所不同，但总有一种占优势地位。这五种需求都与室内外空间环境密切相关，如空间环境的微气候条件——生理需求；设施安全、可识别性等——安全需求；空间环境的公共性——社会需求；空间的层次性——自尊需求；环境的文化品位、艺术特色和公众参与等——自我实现需求。因此，我们可以发现它们之间的对应性，即环境对人的作用，也是人对环境提出的多种需求。只有当某一层次的需求获得满足之后，才可能使追求另一层次的需求得以实现。当一系列需求的满足受到干扰而无法实现时，低层次的需求就会变成优先考虑的对象。环境空间设计应在满足较低层次需求的基础上，最大限度地满足高层次的需求。随着社会日新月异的发展，人的需求也随之发生变化，使得这些需求与承担它们的物质环境之间始终存在着矛盾，一种需求得到满足之后，另一种需求则会随之产生。这种人与空间环境的互动关系，就是一个相互适应的过程。

在现实中，空间环境的形成和其中人的活动是同一回事，犹如一场戏剧舞台中的布景设置与演出是相互补充的关系一样，而对于设计师来说，更需要关注的是静止的舞台在整场戏剧中的重要性，并通过它去促进表演。由此可知，在某种程度上而言，在环境对人的关系方面，人们塑造了空间环境，反过来，空间环境也影响着、塑造着人。

案例

哥本哈根糖尿病中心

设计师基于创造一个能与大自然对话空间的理念，将室内和室外编织在一起，试图使患者与访客对这里的环境产生好感。

项目的主入口朝南，以确保自然采光，重点打造了一个起伏的景观并一直延伸到室内。一到这里，访客们就会被一个优美起伏的景观迎接，然后被引导进室内（图1-1）。该区域的设计考虑到了好奇心这个因素——所以从一开始病人和访客必须感受到欢迎的姿态，并被"诱惑"着进行下一步探索。

●图1-1　起伏的景观一直延伸到室内

中心专为患者及其家属和工作人员设计的公共区域围绕着小型"主题广场"组织（图1-2），例如，"营养广场"旁的食品实验室和咖啡厅，"知识广场"旁边的图书馆和展览空间，"健身广场"旁边的健身房和训练室，以及"展览广场"旁边的工作室。

●图1-2　公共区域围绕着小型"主题广场"组织

1.2.2 文化特征

芬兰著名建筑师伊利尔·萨里宁曾说："让我看看你的城市，我就能说出这个城市的居民在文化上追求什么。"可见环境艺术在表现文化上的作用是多么的巨大。环境艺术是一个民族、一个时代的科技与艺术的反映，也是居民的生活方式、意识形态和价值观的真实写照。

1.2.2.1　传统文化在环境艺术中的继承与发展

德国的规划界学术巨匠阿尔伯斯教授曾说，城市好像一张欧洲古代用作书写的羊皮纸，人们将它不断刷洗再用，但总会留下旧有的痕迹。这"痕迹"之中其实就包括传统文化。

注重传统的设计风格，并能有效地将其与当地的文脉和社会环境结合起来，通过良好的设计能建立历史延续性，表达民族性、地方性，有利于体现文化的渊源；如果生搬硬套，就会显得拙劣，令人厌倦。环境及其建筑物是特定环境下历史文化的产物，体现了一个国家、民族和地区的传统，具有明显的可辨性和可识别性。要继承和发展传统设计文化，就要注重历史环境保护。在标志性建筑和重点保护性景观的周围建立保护区（如天津、上海等城市把近代外来建筑设为专门的文化保护区域）。保护空间环境的完整性不被破坏，主要是有效控制周围建筑的高度、体量与形式等，根据不同城市、不同地段和不同的建筑物性质加以具体规定；同时，城市是受到新陈代谢规律支配的，作为有着强大的延续性和多样性的生生不息的有机体，也需要不断地更新。在此，德国剧作家席勒的观点虽有些偏激但有其道理，"美也必然要死亡，尽管她使神和人为她倾倒"。由此，不断地发展和变化是生活的法则。继承与发展传统文化正是为了新的创造，单一的、千篇一律的环境艺术设计不符合现代人的欣赏情趣和审美要求。

1.2.2.2　地域文化在环境艺术中的挖掘与体现

在20世纪70年代后的建筑设计领域，Bernard Rudolfsky所著《没有建筑师的建筑》一书的问世，引起了很大的反响。一些以往被忽略的乡土建筑中的创造性方面的价值，重新被发掘出来。这些乡土建筑特色是建立在与该地区的气候、技术、文化及与此相联系的象征意义的基础上的，是长期的积累而存在并日趋成熟的。有人在研究非洲、希腊、阿富汗的一些特定地理区域的住房建筑之后表明："这些地区的建筑不仅是建筑设计者创作灵感的源泉，而且其技术与艺术本身仍然是第三世界国家的设计者们创作中可资利用的、具有活力的途径。"这类研究呈现两种趋向：①"保守式"趋向——运用地区建筑原有技术方法并在形式上的发展；②"意译式"趋向——在新的技术中引入地区建筑的形式与空间组织。乡土建筑、乡土环境受生产生活、社会民俗、审美观念以及民族地域历史文化传统的制约，她置身于地域文化之沃土，虽然粗陋但含内秀，韵味无穷如大自然间野花独具异彩，诸多方面存在着深厚的文化内涵等待挖掘和予以推陈出新。

1.2.2.3　环境艺术对西方文化的借鉴

我们对西方文化经历了从器物到制度再到思想文化逐渐深化的认识过程，但始终主要侧重于"器物"这一最初引发冲动的层面，而对这三个层面缺乏整体意识以及清晰的区分认识。在向西方学习时，总是以最好最新为追求目标，以为新就是好，但西方的新观念、新技术层出不穷，结果是追还没来得及，更谈不上消化了。这种不求甚解、盲目崇洋崇新的心态背后，是一种潜伏的文化虚无主义的思想在作祟。从近些年相当一批的国内室内装饰的各种风格流派的设计作品中，便能感受到对西方环境文化的领受和吸取往往是停留在浮光掠影般的、得其形而忘其意的表面理解上的，而对于其内含的、不同的人文精神的理解上，真正领会并发挥、创造出的优秀作品还远远不够。

1.2.2.4　当代大众文化价值观在环境艺术中的体现

随着公众主体意识的觉醒，在面对环境的日益均质化、无个性化甚至非人性化的今天，人们不再期望将自己的个体情感和意志纳入到一个代表公众趣味的、整齐划一的环境中，而是开始寻求一种多元价值观和真正属于自我意识的判断。人们越来越强调创造和表现具有一定意义的空间、场所和环境，此时的"可识别性""场所感"等词汇的诞生，都表明了人们对价值或意义的关注；另外，在环境或场所在追求为正常人服务的同时，也应对儿童或残障人群予以关注，才是环境服务于人性的本质体现。例如，美国《1990年残疾人法案》的颁布为公共场所和商业场所制定了残疾人通行的标准，并要求在设计新的设施和对现有设施的改动中要核实相关法规并加以应用。这种体现在环境设计中的无障碍设计思想深得人心，也正是当代重视大众文化价值观念的重要反映。

环境艺术设计对文化地域性、时代性、综合性的反映是任何其他环境或者个体事物所无法比拟的。这是因为在环境艺术中包含了更多反映文化的人类印迹，并且每时每刻都在增添新的内容；而群体建筑的外环境更是往往成为一个城市、一个地区，甚至一个民族、一个国家文化的象征。上海的外滩、北京的天安门广场、威尼斯的圣马可广场、纽约的曼哈顿都是一些代表民族或国家形象的突出案例。在环境艺术的设计中，如何反映当地的文化特征，如何为环境增添新的文化内涵，是一个严肃的、值得环境创造者认真思考的问题，也是历史赋予设计师的责任。

案例

中西合璧的贰千金餐厅

在中国做设计的外国设计师，很普遍的一个做法是汲取中国文化的元素混搭在自己的西方设计理念中，求得一个东西方融合的呈现方式。

不管是将上海常德路上曾经英国海关官员的官邸改建成Dariel Studio办公室的The Villa 621，还是周庄的花间堂精品酒店设计项目，法国设计师Thomas Dariel都运用了文化兼容这一手法，贰千金（Lady Bund）餐厅也是。

贰千金餐厅位于外滩万国建筑群南侧的外滩22号4楼，这幢比邻上海十六铺码头的历史老建筑始建于1906年，即便是在2009年进行整体改造和建筑修复过后，红色的外立面砖墙仍旧保留了浓浓的历史韵味。如何让百年红楼中的创意餐厅焕发出独特的生命力？贰千金餐厅老板找到了Thomas Dariel。

贰千金餐厅以时尚、创新与颠覆为理念，同样地，业主委托Thomas Dariel主持设计的店面空间也强调了这种融合性，既要保留东方古典韵味，又要引入欧式现代风格。

●图1-3　入口处

●图1-4　吧台区　　　　　　　　　　　　　●图1-5　第一就餐区

　　在修缮外滩22号时，业主保留了兼有巴洛克、维多利亚等建筑元素的中西合璧的砖木结构，加固后的楼梯仍旧留有原来的青砖。Thomas Dariel在贰千金餐厅的室内空间设计上，也尽量追求与整体外滩22号建筑的协调性。每一个原始拱形窗格都得以保留，意欲为来店就餐的顾客带来开阔的外滩江景。

　　1200m²的整体空间在Thomas Dariel手中被分隔为就餐区、休闲区、吧台区等功能不一的空间，且都有各自的主题。

　　在东方文化元素的运用上，入口处悬于空中的陶瓷蛋壳艺术装置，直接点出了餐厅的创意菜系主题（图1-3）。

　　在吧台区域，设计团队选用了中国传统的书法元素，将宣纸裁剪成一条条斜边纸条，自木制的顶部自然垂落，辅以几盏木质吊灯。与之互为呼应的是，吧台一旁的墙面上，镶有大小不一的木框架，悬挂着各种尺寸的毛笔（图1-4）。

　　望望天顶，再看看墙面，传统的书法文化被Thomas Dariel演绎得颇具时尚感。

　　进入到内部的第一就餐区，设计的焦点同样放在了顶部。一幅幅空白的画卷依次在屋顶上铺开，延伸到尽头，紧

●图1-6　第二就餐区

接着就是墙面上大幅的数码喷绘作品，将顶部与墙面自然衔接起来，营造出动态的视觉效果（图1-5）。

在第二就餐区，Thomas Dariel 受到传统丝纺机器的启发，将细绳索相互穿插，交织出几何图案，围抱住整个空间，悬于天顶的 Maison Dada 吊灯随意地垂落，又为这一空间平添几分灵动（图1-6）。

● 图1-7 休闲区选用了大量新古典主义风格的家具

此外，环绕在主就餐区两侧的休闲区则选用了大量杂糅了巴洛克、洛可可、哥特式以及新古典主义风格的家具，用来呼应原建筑的风格（图1-7）。

1.2.3 观念特征

季羡林先生说过"东方哲学思想重综合，就是整体概念和普遍联系，即要求全面考虑问题"。实际上，整体化也是环境艺术设计的首要观点。

环境艺术观念发展的客观化水准往往取决于一件作品是否能与客观条件和自然环境建立持久的协调关系，这与艺术家从事单纯自我造型艺术的创作不同；环境艺术是多学科并存的关系艺术，环境艺术设计将城市、建筑、室内外空间、园林、广告、灯具、标志、小品、公共设施等看成是一个多层次、有机结合的整体，它面临的虽然是具体的、相对单一的设计问题，但在解决问题时还是要兼顾整体环境的统一协调。在进行整体设计时还需面对节能与环保、可循环与高信息、开放与封闭系统的循环、提高材料恢复率、强大的自动调节性、多用途、多样性与多功能、生态美学等一系列问题。相对于环境的功效方面和美学领域，社会经济因素则是重头戏，其最终将集中反映于环境效益问题。比如，大多数城市景观的设计都是在原有的基础上进行改进的，而环境的根本性变化则须由雄厚的资金来支撑，如果对环境综合效益缺乏研究和没有整体计划以及更高层次的思考创新，就会造成大量资金无价值的消耗，以及高昂的后期维护费用等问题，还会给环境的进一步改善带来沉重的包袱。

对于西方的现代主义思想影响下的环境设计，由于社会经济积累具有了相当的基础，可以把功能及造价的问题不放在首要的位置上进行环境艺术设计的考虑，但中国今天的"现代主义设计"则必须在充分考虑功能及造价的前提下表现个性，并且综合地、全面地看待个性

在营造环境中的作用，把技术与人文、技术与经济、技术与美学、技术与社会、技术与生态等各种因素综合分析，因地制宜地处理理想与客观条件之间的关系，以求得最大的经济效益、社会效益和环境效益；以动态的视点，沿着生命运动的轨迹，把这些相关因素科学地、合理地组合起来，是使环境艺术设计实现可行性的一种最佳途径。

因此，我们在设计时需要有整体的设计观念。无论是区域环境设计，还是建筑小品构想，都要放眼于城市整体环境构架，对其历史与现状，进行周密的计划和研究，权衡暂时与永久、局部与整体、近期与长期之间的利弊关系，找出它们的契合点，科学地、合理地、动态地对其进行综合设计，并要解决历史、未来及周边地带的衔接、计划与实施的差别控制等问题，最大限度地、最为合理地利用土地人文及现有景观资源，实现集生态美学、环境效益于一身，以创造出适合人们生活行为和精神需求的环境。

案例

Conarte 图书馆

Conarte是墨西哥蒙特雷市的文化与艺术委员会。Conarte的目标在于推动并促进当地的文化艺术表达同时对文化精髓的支持与保护。创作这座Conarte图书馆（图1-8）的目的在于让人们体会并感受到一种特殊的阅读体会与价值。

设计师将这个空间安排到书店或者图书馆，将其设计成一个以书架将阅读者包裹其中的特殊空间。书架除了其本质功能——收纳图书外，还起到了墙体与穹顶的作用。台阶式的座位颜色逐渐变浅，模拟消失。站在中间会体会到有趣的视觉平衡效果。Conarte图书馆更像一个艺术家的装置作品，其隐喻价值大于实用价值。

● 图1-8 Conarte图书馆

1.2.4 地域特征

现代环境设计的地域特征主要表现在以下三个方面。

1.2.4.1 地理地貌特征

地理地貌是时间最为长久的特征之一。任何地区之间，只要细致观察，就会发现相互间的差异。更多的差异则是体现在宏观的特征上，像水道、河泽、丘陵、坡地、山脉、高原等。这些自然界固有的因素无时无刻不作用于环境塑造的过程。如山城重庆与平原省会石家庄，西北城市西安与江南水乡绍兴，它们之间的地貌差异对一个敏感于这些特征的设计师来说，会产生极大的诱惑。而设计构思的一个重要思想就是要让那些特征彰扬出来，也就是说，对有助于生活舒适的素材都要加以利用；反之，对不利的条件要予以弥补。例如，在重庆的山坡道上择距修筑一些落脚的平地或是石磴，让跋涉的人们有择时而歇的机会。这种不同"使用"城市的设计方式，是源于地理地貌因素的直接反映。

水，是城市里一道独好的风景。一座有河道湖泊的城市是幸运的。大多数河水在人们聚居生存的历史上都起到过滋养生命的作用。在建筑聚集的市区，使一道河岸保持天然岸线形式，不失为一种独特的构想。自然中野生的芦苇、杂草与人工绿化有机共处，会令风景格外鲜明。但是，保持环境卫生是使野生地貌成为风景的基本条件，因此必须对之格外珍视。不同地域的水，形态也会具有截然不同的风格，或平坦广阔，或曲折蜿蜒，或围城环抱，或川流而过，其独有的面貌完全可能成为城市的重要标志之一。水的重要性及其历史地位，应成为人们认同其价值及强化其城市景观作用的原因。一条有代表性的河道，其重要性完全可以胜过一般的市级街道（当然科学并不赞同把环境分成三六九等，而是要全方位的一视同仁）。而现在的问题是，许多地方河水的静默与永恒反而成了人忽视它的原因。发展中国家的人们不要轻易地被那些花哨把戏所迷惑（如由于对"丰田""宝马"的流畅曲线的膜拜而滋生了占有欲，从而得不断地扩充道路占有田野或水域），进而"迷失了心性"以致黯出生存的血本。实际上最珍贵的东西就在我们身边，它不可能由别人赠送，只能由我们科学合理的设计和运用。

对水的珍视只限于保持水面清洁和水质不受污染是远远不够的，还要能够理解水面在城市风景中不可替代的作用，其优化生活的能力远胜于任何人工造的景观。要强化这种认识，环境设计应首当其责。呵护水面的办法之一是对岸线予以整理，就像为心爱之物披上盛装一样。岸线的形态常常既决定于天然地貌特征，又包含有历史遗留或改造的痕迹。其中有的可临崖俯视，有的则浅滩渐深，有的齐如刀切，有的则参差有致，这是地貌与人文共同作用的结果。这也能为本节所解释的地方性特征提供佐证。此外，沿岸绿化和设置游览路线、活动场地等，不但是个普遍性原则，也应是深入挖掘地方化生活方式的着眼点。我们不妨看一看江南水乡重镇的例子，诗人杜荀鹤有诗言："君到姑苏见，人家尽枕河。古宫闲地少，水巷小桥多。夜市卖菱藕，春船载绮罗。遥知未眠月，乡思在渔歌。"这首诗栩栩如生地描述了当地人民傍水而栖的独特生活方式。那种地方风俗的魅力令人何等陶醉，凡有此经验者便不难领悟什么是对水的设计了。

1.2.4.2 材料的地方化特征

追溯人类古老的建筑历史，就地取材则是最早的一种用材方式。就天然材料而言，使用的种类相当丰富，其中包括石料、木材、黄土、竹子、稻草甚至冰块等。如果再将同类材料中的差异加以分类，并考虑经初加工而得到的建材产品，其丰富程度则可想而知了。这种差异无不是由特定的自然条件天生塑就的。然而，将地方性材料提升到作为考虑设计的着眼点的地位，其由来还是从现代的建筑思想引发的。钢材、玻璃、混凝土这些材料是没有地方差异的，因为它们被"人造"得太彻底了。那些源于科学分析而发明的材料，完全摆脱了地域性自然特征的痕迹，最终导致材料质感效果的趋同。这与文明发展对客观世界的原本认识相矛盾。当人们反思标准化的"现代主义"的设计思想所带来的弊端时，表现个性和人情味的理性思想便成为新一轮艺术思潮的追求目标。如果说传统的材质表现还处于含糊的、无意识的状态中，那么现代人对材质特征的认识则更加明确主动了。材料被赋予从文化生态多样性的高度去表现地方生活的职责，便产生了比以往更强的表现力。

除了在建筑上发挥特定材料的工艺性能之外，环境设计中应用材料最多的地方当属地面铺装了。在中国，传统的皇家或私人园林庭院的铺装多有优秀的范例。苏州园林的地面铺装中对卵石的各种拼装方法所呈现的艺术魅力，简直是现代设计观念的活现。可是这种方法若搬到北方皇家园林中使用就要费些周折，因为材料并非源自本地土产。由此可见，使用地方化材料的原则，应是在更大范围里进行理性推论的结果。现代的地方化观念还向设计师提供了一个启发，即人们对材料的认识不应只局限于惯用的、已被前人熟练掌握的种类。许多不为人知却又是地方土产的材料，原本具有极好的使用性能，应成为设计师研究和尝试的对象。对于铺地材料的技术性能要求并不苛刻，何况还有现代技术条件下的水泥、砂浆等的辅料手段支持。此外，更新和开发一些新的加工方法，也是使旧料变新以及新材料走向实用化的有效手段。沥青、石子和水泥抹地是最简陋也是最没有特色的设计；而全国都铺一种瓷砖，应视为设计师的无能。现代设计中一个重要的课题是精致严谨的加工，材料加工则列为其中之一。地砖和各种壁面的拼花图形、质感对比，有时并不总要借助于材质变化去实现，同种材料的不同加工效果也是追求质感趣味的办法之一。在许多地方，当地特色的传统加工工艺常常能表现出现代工艺所没有的独特效果。

1.2.4.3　环境空间的地方化特征

环境的空间构成是一个比较复杂的问题。一个有历史的城市，其建筑群落的组织方式是相对稳定和独特的。现有状态的形成往往取决于下列几种因素。①生活习惯。②具体的地貌条件。尽管在那些相邻的地区，地貌的总体特征相同，但一涉及具体方面，还是存在一些偶发的差异。这种差异可能造成聚落方式的变化。③历史的沿革，即曾经发生于久远年代的变革与文化渗透等。④人均土地占有量。总的来说，我国大中城市人口居住密度比较大。客观地看，我国城市（包括乡镇等小聚居区）真正的现代化发展是在改革开放之后起步的，至今不过20年，在这段不长的时间里，我们完成的是远远大于20年的建设量，本该精雕细琢的城市面貌，大多沦为粗放型产品。其中有些原因是不可控的，如人口过度膨胀，现代化建筑技术手段虽先进但显得单一等因素，导致城市地方化特色的快速丧失。另外，环境文化意识的淡薄，设计者对地方文化所产生的情蕴和对当地环境构成的特征缺乏体验和观察，也是造成今天城市粗放结果的重要原因。城市风貌的载体并非完全由建筑的样式所决定。这里不妨想象一下，眼前有一个鸟瞰的城市立体图，如北京的胡同、上海的里弄、苏州的水巷，人们的实际活动都发生在建筑之间的空白处，即街道、广场、庭院、植被地、水面等。如果将这些空白用"负像"的方式加以突出，再把不同地方的城市空间构成加以比较，就不难看出异地空间构成的区别。例如，北京的胡同，通常宽度相同，略窄于街道，一般只用于交通，可供车马通行。每到一定深度，某座四合院的外墙就会向后退让丈把距离，且与邻院的一侧外墙和斜进的道路形成一块三角地，那便是左右邻里聚会谈天的活动场地。当然，通常还要有一棵老槐树和树下的石桌、石凳。上海的里弄则不像北京胡同那样"疏密相间""开合有致"，而是显得更加公共化、群体化。弄堂里的路呈鱼骨式交叉，一般是直角，宽度由城市街道到弄堂再到宅前过道依次变窄。与北京胡同体系比较而言，上海的住宅与弄堂的关系更为贴近。这些道路形式规整，既用于通行又用于交往联络。

可以看出，在不同的地方人们就是那样使用建筑外的环境。前几代的设计师们已经考虑过生活行为的需要，就空间的排布方式、大小尺度、兼容共享和独有专用的喜好上提出了地方化的答案，而后世的人们则视之为当然的模式并习以为常。虽然这些答案并不一定是容纳生活百川的最佳设计方式，但毕竟是经过了生活习惯的选择与认同，在人们的心理上形成了对惯有秩序的亲和。在其后的设计追求中，并不存在什么绝对理想而抽象的最佳方式，新设计所能做的不过是模仿、补充，一切变化应是在保持原有基础上的改良。当然，新的室外空间在传统格局的城市里并非完全不能出现。它通常是随着新功能的引入而产生的。例如，在德国一些室外空间设计的限定条件相对自由的一些新兴的、人均用地相对宽松的城市。以宾

根到科布伦茨一带的莱茵河谷的设计为例，350km长的罗曼蒂克大道把几十个小城市串在一起。这里有古朴的建筑、铺着小石板的道路和大片的绿地，加其特有的古堡、宫殿、葡萄种植园等景观，吸引了众多的游人。城里的古建筑是德国历史的缩影和文化的精华，也是德国人追溯历史的好地方。这种用大道将不同城市内容和形式的特点串起的文化长廊式的综合设计理念，在传统城市中并不存在，因此也可以看作是随着文化的变迁、新功能的需求而产生的更新。

如果说城市环境的出现包含形式和内容两部分的话，那么建筑的外部空间就是城市的内容，而且空间的产生并不是任意的、偶发的，更不是杂乱无序的。它的成因深刻地反映着人类社会生活的复杂秩序，其中有外因的作用也有自身的想象。一个环境设计师必须使自己具备准确感知空间特征的能力，并训练自己的分析力，以便判定空间特征与人的行为之间存在的对应关系。这种职业素养是创造和改善环境设计的基础之一。

不过，地方化城市环境的特征，主要是针对历史悠久、人口集中的城市而言。在我国，许多定型化了的古老城市正在经历一个新的历史性的改造过程，为的是使城市的发展既能满足功能的需求，又不致使文化风貌遗失。在变革中有序地延伸和更迭环境的形态，是城市建设中亟待研究解决的课题。

案例
泰国清迈黛兰塔维度假酒店

如果一家酒店的风格，宛如一位美丽的泰国女子一样，风华正茂，那么这家酒店一定会让您不虚此行。泰国黛兰塔维酒店就好像每个人心中的女神，只要她一出场，你就知道你的眼睛再也离不开她了。酒店宛如女神美丽得不可方物。

有着泰国"北方玫瑰"之称的清迈，在800多年前曾经是辉煌的兰纳王朝所在地。清迈黛兰塔维度假酒店（原清迈文华东方酒店）以兰纳王朝的光辉岁月为设计蓝本，无论是高耸的大门和城墙，还是尖塔式的大堂、仿古的兰那庙宇和造型瑰丽的凉亭，都展现出13世纪时兰纳王城的独特色彩以及泰北传统的艺术气息。在清迈郊区，围着万顷良田，酒店将那个失落已久的兰纳王朝真实地重现在人们眼前（图1-9）。

● 图1-9 以兰纳王朝的光辉岁月为设计蓝本的建筑形态

清迈黛兰塔维度假酒店在任何细节上面都不惜成本。非但有面积广阔的稻田（图1-10），甚至耗费巨资从各地引种了将近4000棵数十年树龄的大树，其中有些更高达30m。客人可以和农民、水牛一起插秧，种出来的稻米布施附近寺院。这里的SPA是建在连绵的几座巨型别墅中，建筑风格是泰国北部兰纳王朝的风格。Dheva的发音为"day-va"，意为居住在天堂的神灵，也是有福的象征。

酒店有四间主题套房，其中一间是阁楼式温泉套房（图1-11）。广达3100m^{2}的女神SPA绝对颠覆客人之前对SPA的狭隘认知。这里一共有25间理疗室，还有套间，但是都是紧邻度假别墅的。所有的理疗室都确保客人享有私密的绝对空间。每一套间内都配备了按摩浴室、淋浴、加热大理石按摩桌，及私人理疗按摩、休闲区域。

在一组传统的Lanna建筑物内有个叫Le Grand Lanna的泰式餐厅（图1-12），可以提供周边地区的风味美

● 图1-10 面积广阔的稻田

食。分散在 Le Grand Lanna 周围的是 3 个独特的单间：国王厅、戴安娜厅和 Colonial 厅。每间厅都摆设有精心挑选的艺术品和古董。

清迈黛兰塔维度假酒店自面世以来就以其绝无仅有的泰北古韵兰纳王朝气质和温暖和煦的员工服务而世界闻名，载誉无数。酒店近期斩获的奖项和荣誉包括：2014 年 TripAdvisor 旅行者之友评选（Traveler's Choice）之泰国顶级酒店第 1 名、泰国最奢华酒店第 2 名、泰国最浪漫酒店第 7 名；《私家地理》（美版）2014 年评选"世界 500 最佳酒店"；《康士纳旅行者》（美版）2014 年读者选择奖之"泰国顶级酒店"等。

●图1-11　阁楼式温泉套房　　　　●图1-12　提供风味美食的
Le Grand Lanna 泰式餐厅

1.2.5 生态特征

人类社会发展到今天，摆在面前的事实是近两百年来工业社会给人类带来的巨大财富，并使人们的生活方式也发生了全方位的变化。工业化极大地影响了人类赖以生存的自然环境，森林、生物物种、清洁的淡水和空气、可耕种的土地等这些人类生存的基本物质保障在急剧地减少，更使得气候变暖、能源枯竭、垃圾遍地等负面的环境效应得以快速产生。如果按照过去工业发展模式一味地发展下去，我们的地球将不再是人类的乐园。这种现实问题迫使人类重新认真思考——今后应采取一种什么样的生活方式？是以破坏环境为代价来发展经济，还是注重科技进步，通过提高经济效益来寻求发展，作为一个从事环境艺术设计专业的人员，也须对自己所从事的工作进行深层次的思考。

人是自然生态系统的有机组成部分，自然的要素与人有一种内在的和谐感。人不仅具有个人、家庭、社会交往活动的社会属性，更具有亲近阳光、空气、水、绿化等需求的自然属性。自然环境是人类生存环境必不可少的组成部分。然而，人类的主要生存环境，是以建筑群为特点的人工环境。高楼拔地而起，大厦鳞次栉比，从而形成了钢筋混凝土建筑的森林。随着城市建筑向空间的扩张，林立的高楼，形成了一道道人工悬崖和峡谷。城市是科学技术进步的结果，是人类文明的产物，但同时也带来了未预料到的后果，出现了人类文明的异化。人类改造自然建造了城市，同时也把自己驯化成了动物，如同关在围栏和笼子里的马、牛、羊、猪、鸡、鸭等动物一样，把自己也围在人工化的城市围栏里，离自然越来越远，于是，回归自然就成了一些现代人的梦想。

随着人类对环境认识的深入，人们逐渐意识到环境中自然景观的重要性，优美的风景、清新的空气既能提高工作效率，又可以改善人的精神生活，使人心旷神怡，得到美的感受。无论是城市建筑内部，还是建筑外部的绿地空间，是私人住宅，还是公共环境，优雅、丰富的自然景观，都会给人以长久而深远的影响。因此，这使得人们在满足了对环境的基本需求后，高楼大厦已不再是对环境的追求。而今，人们正在不遗余力地把自然界中的植物、水体、山石等引入到环境空间中来，在生存的空间中进行自然景观再创造。在科学技术如此发达的今天，使人们在生存空间中最大限度地接近自然成为可能。

环境艺术中的自然景观设计应具有多种功能，主要可以归纳为生态功能、心理功能、美学功能和建造功能。生态功能主要是针对绿色植物和水体而言的，在环境中它们有净化空气、调节温湿度、降低环境噪声等功能，从而成为产生较理想生态环境的最佳帮手。环境中自然景观的心理功能正在日益受到人们的重视。人们发现环境中的自然景观可以使人获得回归自然的感受，使人紧张的神经得到松弛，人的情绪得到调解；同时，还能激发人们的某些认知心理，使之获得相应的认知快感。至于自然景观的审美功能，早已为人们所熟识，它常常是人们的审美对象，使人获得美的享受与体会；与此同时，自然景观也常用来对环境进行美化和装饰，以提高环境的视觉质量，起到空间的限定和相互联系的作用，发挥它的建造功能，而且这种功能与实体建筑构件相对比，常常显得富有生气、有变化、富有魅力和人情味。

在办公空间的设计中，"景观办公室"成为时下流行的设计风格。它一改枯燥、毫无生气的氛围，逐渐被充满人情味和人文关怀的环境所取代。根据交通流线、工作流程、工作关系等自由地布置办公家具，室内充满了绿化的自然气息。这种设计改变了传统空间格局的拘谨、家具布置僵硬、单调僵化的状态，营造出了更加融洽轻松、友好互助的氛围，就像在家中一样轻松自如。"景观办公室"不再有旧有的压抑感和紧张气氛，而令人愉悦舒心，这无疑减少了工作中的疲劳，大大地提高了工作效率，促进了人际沟通和信息交流，激发了积极乐观的工作态度，使办公空间洋溢着一股活力，减轻了现代人工作的压力。体现在广场设计中与以往的广场设计大多是铺地面积较大，人工手段较多，绿化等自然要素较少，看起来干、枯、冷的环境空间相比，而今则逐渐被那些考虑到人们休憩交往的需要、重视自然的需求、比较有人情味的广场设计所取代。

在室内环境创造中，共享空间可以说是以各种手法去创造室内自然环境的集大成者。

其一，共享空间是一种生态的空间，它把光线、绿化等自然要素最大限度地引入到室内设计中来，为人们提供了室内自然环境，使人们在室内最大限度地接触自然，满足了人们对自然的向往之情。

其二，具有生态学的"时间艺术"特征即环境设计应是一个渐进的过程，每一次的设计，都应该在可能的条件下为下一次或今后的发展留有余地，这也符合弗朗西斯·培根所说的"后继者原则"。城市环境空间是城市有机体的一部分，有它的生长、发展、完善的过程。承认和尊重这个过程，并以此来进行规划设计是唯一正确的科学态度。任何一个人居环境都不是"个人作品"，任何一位设计师都只能在"可持续发展"的长河中完成部分任务。即每一个设计师既要展望未来，又要尊重历史，以保证每一个单体与总体在时间和空间上的连续性，在它们之间建立和谐的对话关系。因此，既要从整体上考虑，又要有阶段性分析，在环境的变化中寻求机会，并把环境的变化与居民的生活、感受联系起来，与环境设计的构成联系起来。强调环境设计是一个连续动态的渐进过程，而不是传统的、静态的、激进的改造过程。

其三，我们在建造中所使用的部分材料和设备（如涂料和空调等），都在不同程度上散发着污染环境的有害物质。这就使得现代技术条件下的无公害的、健康型的、绿色建筑材料的开发成为当务之急。环境质量研究表明：用于室内装修的一些装饰材料在施工和使用过程中散发着污染环境的有害气体和物质，诱发各种疾病的产生，影响健康。因此，当绿色建材的开发并逐步取代传统建材而成为市场上的主流时，才能改善环境质量，提高生活品质，给人们提供一个清洁、优雅的环境艺术空间，保证人们健康、安全地生活，使经济效益、社会效益、环境效益达到高度的统一。

案例

英国伦敦西门子"水晶大厦"

英国伦敦西门子"水晶大厦"（图1-13）除了惊人的结构设计外，它也是人类有史以来最环保的建筑之一。"水晶大厦"本身也为未来城市提供了样本——它占地逾6300m²，却是高能效的典范，与同类办公楼相比，它可节电50%，减少二氧化碳排放65%，供热与制冷的需求全部来自可再生能源。该建筑使用自然光线，白天自然光的利用完全。

"水晶大厦"的另一个有趣的特性是集雨和黑色水回收。建筑的屋顶作为收集器，收集雨水，进行污水处理，然后再经再生水纯化和转化为饮用水。

●图1-13 英国伦敦西门子"水晶大厦"

1.3 环境艺术设计研究分类

人是环境艺术中的主角，在环境中创造出了很多环境艺术的种类，并不停地进行着研究和分析，未来必将还会出现更多的新形式和种类。因此，有必要从宏观上对环境艺术进行系统分类。

下面具体列举各分类的框架结构及不同角度的多种分类方法。

1.3.1 室内环境艺术设计

室内环境艺术设计分类如图1-14所示。

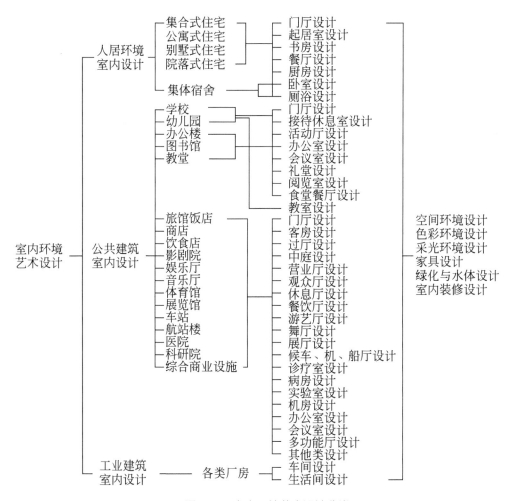

●图1-14 室内环境艺术设计分类

1.3.2 室外环境艺术设计

室外环境艺术设计如图1-15所示。

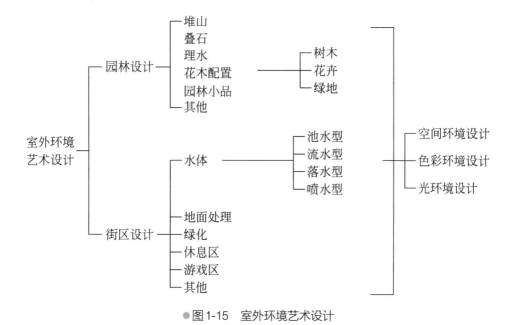

●图1-15 室外环境艺术设计

1.3.3 室内外装饰艺术设计

室内外装饰艺术设计又可分为雕塑类、壁饰类、建筑构造类、室外环境设施类、室内陈设品类，这里就不一一赘述了。

02

环境艺术
风格和流派

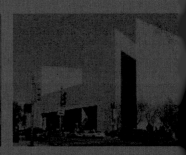

风格即艺术作品的艺术特色和个性；流派指学术方面的派别。环境艺术设计的风格与流派，是不同时代的思潮和地域环境特质，通过艺术创造与表现，而逐渐发展成为的具有代表性的环境设计形式。因此，每一种典型风格和流派的形成，莫不与当时、当地的自然环境和人文条件息息相关，其中尤以民族性、文化潮流、风俗、宗教和气候物产等因素密切相连，同时也受到材料、工程技术、经济条件的影响和制约。

在设计中把握环境艺术作品的特色和个性，使科学与艺术有机结合，时代感和历史文脉并重，这是我们多元时代应有的格局。

2.1　工业革命带来的抽象美学

在工业社会以前，一种式样和风格的形成往往经过几百年乃至上千年审美经验的积累，因此，传统建筑总是给人留下完美的印象，建筑活动也多因袭传统式样。19世纪以后，建筑规模空前扩大，建筑创作活跃，因循守旧的模仿已不能适应时代的要求，传统的建筑观和审美观已成为建筑进一步发展的枷锁。社会进步节奏的加快和对创新的追求，促进了建筑向现代化迈进。

1851年，采用铁架构件和玻璃装配的伦敦国际博览会水晶宫，被称为"第一个现代建筑"。新材料的大胆应用、造价和时间的节省、新奇简洁的造型……水晶宫的这些特点后来都变成了现代建筑的核心（图2-1）。

●图2-1　伦敦国际博览会水晶宫

●图2-2　埃菲尔铁塔

埃菲尔铁塔，这座全部用铁构造的328m高的巨型结构是工程史上的奇观，也是现代建筑正式走上历史舞台的一个宣言。其美感是无法用古希腊、古罗马、拜占庭、哥特、文艺复兴、巴洛克等，以前的一切风格来解释的，这就是现代的美、工业化时代的美。抽象美学伴随着科学技术进步和社会发展的要求而形成，它从一开始就带有明显的开拓性（图2-2）。

如果说人类文明自存在以来只有过一次变化的话，那就是工业革命。全新的材料、全新的社会关系、全新的哲学在这个新的时代里层出不穷，全新建筑的出现也就不奇怪了。如果说工业革命前的建筑学是"考古建筑学"，工业革命后的建筑学就是"技术建筑学"，是围绕着技术的进步展开的。从水晶宫的建成到第一次世界大战这段时间，各种各样的全新风格的建筑纷纷崭露头角。

2.2　现代主义成就几何抽象

20世纪初，伴随着钢筋混凝土框架结构技术的出现、玻璃等新型材料的大量应用，现代主义的风格应运而生。第一代现代建筑大师们首先实现了观念的变革，他们抛弃了烦琐的模仿自然的装饰和僵化的传统建筑布局的禁锢，代之以抽象与简洁、自由组合的几何体，强调功能，追求建筑的空间感。钢结构、玻璃盒子的摩天大楼将人们的艺术想象力从石砌建筑的重压下解放出来，以不可逆转的势头打破了地域和文化的制约，造就了风靡全球的"国际式"的现代风格。

这一时期，抽象艺术流派十分活跃，如立体主义、构成主义、表现主义等。抽象派艺术作品仅用线条或方块就可以创造出优美的绘画，这直接对建筑产生了影响。现代建筑的开拓者创办的包豪斯学校第一次把理性的抽象美学训练纳入教学。当时现代主义大师勒·柯布西耶正热衷于立体主义之纯粹派的绘画，他在建筑造型中秉承塞尚的万物之象，以圆锥体、球体和立方体等简单几何体为基础的原则，把对象抽象化、几何化。他要求人们建立由于工业发展而得到了解放的以"数字"秩序为基础的美学观。1928年他设计的萨伏伊别墅是他提出新建筑五特点的具体体现，对建立和宣传现代主义建筑风格影响很大（图2-3）。

●图2-3　萨伏伊别墅

1930年由密斯·凡·德·罗设计的巴塞罗那世博会德国馆也集中表现了现代主义"少就是多"的设计原则（图2-4）。

●图2-4　巴塞罗那世博会德国馆

现代建筑造型的基本倾向是几何抽象性。标准化的几何体在当时适应了迅速发展起来的工业化社会的生产方式和大众对"量"的需求。在反传统的浪潮中，它以划时代的精神突出表现了时代特征，在第二次世界大战前后给全世界带来了面目一新的美感。几何体建筑在全球的普及，标志着抽象的、唯理的美学观的确立。

2.3　后期现代主义的个性

现代建筑对几何性和规则性的极端化妨碍了个性和情感的表现。都市千篇一律的钢筋混凝土森林与闪烁的玻璃幕墙使人感到厌倦和乏味，典型"国际式风格"成为单调、冷漠的代名词。为克服现代建筑的美学疲劳，20世纪后半期的建筑向着追求个性的方向发展，从多角度和不同层次上突破现代建筑规则的形体空间。

晚期现代建筑造型由注重几何体的表现力转向强调个性要素：一些建筑侧重于形状感染力的追求，如朗香教堂、悉尼歌剧院的造型都有穿越时空的魅力，使抽象语汇的表达得以大大地扩展和升华（图2-5、图2-6）。

很多建筑运用分割、切削等手法对几何体进行加工，创造非同一般的形象，华裔建筑大师贝聿铭的美国国家美术馆东馆就是这种设计的杰作（图2-7）。

美国"白色派"建筑师迈耶的作品（图2-8）把错综变化的复合作为编排空间形体的基本手段，在曲与直、空间与形体、方向与位置的变动中探索创新的途径。

●图2-5　朗香教堂

●图2-6　悉尼歌剧院

●图2-7　美国国家美术馆东馆

●图2-8　罗马千禧教堂

2.4　后现代主义抽象与具象的融合

20世纪60年代后期，西方一些先锋建筑师主张建筑要有装饰，不必过于追求纯净，必须尊重环境的地域特色，以象征性、隐喻性的建筑符号取得与固有环境生态的文脉联系，这种对现代主义的反思形成了后现代主义建筑思潮。在批判现代主义教条的过程中，后现代主义建筑师确立了自己的地位。

后现代主义的建筑师并未在根本上否定抽象的意义。被认为是后现代主义化身的美国著名建筑师格雷夫斯认为："我们需要某种程度的抽象，只有抽象才能表达暧昧的意念。但是如果形象不够，意念就难以表达，就会使你失去欣赏者，所以让人们理解抽象语言必须借助艺术形象。我的设计在探索形象与抽象之间的质量。"格雷夫斯的波特兰大厦被看作是后现代主义的代表作，其建筑外观虽具有大量的装饰，但绝不是传

●图2-9　格雷夫斯设计的波特兰大厦

统式样的再现，而是通过抽象表达了富有时代感的精美与简练（图2-9）。格雷夫斯的作品既无现代建筑常有的冷冰冰的雷同感，又无复古倾向带来的不快。他的成功，在世界范围内树立了应用抽象的美学原理处理具体形象的典范。

2.5　探索新形式的解构主义

建筑中的解构主义向古典主义、现代主义及后现代主义的建筑思想和理论提出了大胆的挑战。它的"非理"的理论根据在于冲破理性的局限，通过错位、叠合、重组等过程，寻求生成新形式的机遇。

解构主义的建筑师们更多地从表层语汇转向深层结构的探求，在形式语汇的使用方面倾向于抽象。屈米设计的维莱特公园被认为是解构主义的作品，其整体系统的开放性使场地的活动达到最大限度，向游人展示了活动和内容的多样性，又有统一规划的特点（图2-10）。该设计的策略是从理想的拓扑构成着手，设计出三个自律性的抽象系统——点系统（物象系统）、线系统（运动系统）、面系统（空间系统）。他使三个系统精致、紧凑地叠合起来，形成相互关系、冲突的形势，强化了生气勃勃的公园气氛。

在解构主义运动的历史上的重要事件包括了1982年拉维列特公园（Parc de la Villette）的建筑设计竞争（德里达和彼得·艾森曼的作品，以及柏纳德·楚米的得奖作品），1988年现代艺术博物馆在纽约的解构主义建筑展览，由菲利普·约翰逊和马克·威格利组织，还有1989年初位于俄亥俄州哥伦布市由彼得·艾森曼设计的卫克斯那艺术中心（Wexner Center for the Arts）。卫克斯那艺术中心是首个公共建筑物由美国建筑师彼得·艾森曼所设计。为了反映当地的历史，大楼有一些巨塔结构。灵感来自一个像古堡的兵工厂。那个兵工厂在1958年已经被烧毁。中心的设计也包含了白色金属方格来代表鹰架，以表示未完成的感觉，带些解构主义建筑的味道（图2-11）。

●图2-10 屈米设计的维莱特公园

●图2-11 卫克斯那艺术中心

解构主义是对正统原则、正统秩序的批判与否定。它从"结构主义"中演化而来，其实是对"结构主义"的破坏和分解。解构主义风格的特征是把完整的现代主义、结构主义、建筑整体破碎处理，然后重新组合，形成破碎的空间和形态。是具有很大个人性、随意性的表现特征的设计探索风格，是对正统的现代主义、国际主义原则和标准的否定和批判。其代表人物是：弗兰克·盖里和彼得·埃森曼。

经历16年波折、耗资2.74亿美元修建的沃尔特·迪斯尼音乐厅2003年在洛杉矶市中心正式落成时，其独特的外表引来的关注早已超过了音乐厅本身。弗兰克·盖里在厅内设计时，认为欣赏音乐是一种全面体验，并不仅局限于音响效果，因此在充分考虑了演奏大厅内的视觉效果、温度以及座椅的感觉等因素。大厅设计上，盖里运用丰富的波浪线条设计天花板，营造出了一个华丽的环形音乐殿堂。为使在不同位置的听众都能得到同样充分的音乐享受，音乐厅采纳了日本著名声学工程师永田穗的设计。厅内没有阳台式包厢，全部采用阶梯式环形座位，坐在任何位置都没有遮挡视线的感觉。音乐厅的另一设计亮点是，在舞台背后设计了一个12m高的巨型落地窗供自然采光，白天的音乐会则如同在露天举行一般，窗外的行人过客也可驻足欣赏音乐厅内的演奏，室内室外融为一体，此一设计绝无仅有（图2-12）。

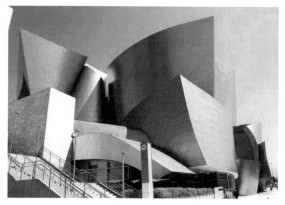
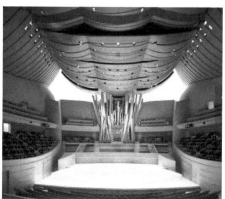

●图2-12　弗兰克·盖里设计的沃尔特·迪斯尼音乐厅

03

环境艺术设计
的基本原理

3.1 环境艺术设计的基础构成要素

置身于任何一个建筑环境中，人们都会很自然地注意到环境的各种构成要素，比如空间、形态、材质等。在建筑环境中，正是通过这些要素不同的表现形态和构成方式使人们获得了丰富多彩的生存环境。这些环境要素作用于人们的感官，使人们能够感知它、认识它，并透过其表现形式，掌握环境的内涵，发现环境的特征和规律，使人更舒适惬意地在环境中生活。然而，单纯的要素集合并不足以形成舒适的环境，只有当它们之间以一定的规律结合成一个有机的整体时，环境才能真正地发挥其作用。而面对诸多的环境要素，设计人员不能因此而迷失方向，需掌握每一要素自身具备的特征，并熟悉其构成的规律，才能在各类环境的艺术设计中达到游刃有余的境地。

3.1.1 空间

所谓空间，可以理解为人们生存的范围。大到整个宇宙，小至一间居室，都是人们可以通过感知和推测得到的。环境的空间分为建筑室外空间和建筑室内空间。作为环境质量和景观特色再现的空间环境，总是在不断发展变化着和始终处于不断的新旧交替之中。并且，随着技术经济条件、社会文化的发展及价值观念的变化，还在不断产生出新的具有环境整体美、群体精神价值美和文化艺术内涵美的空间环境。但值得注意的是，随着材料和技术日新月异的发展，使人们对环境空间的多样化需求成为可能，表现在对室内空间与室外空间的概念的界定方面在有些情况下变得相当模糊。例如，现代建筑中大量采用大面积的幕墙玻璃或点阵玻璃作为室内空间一个面或几个面的立面围合，虽然从物理的角度而言，这种空间的围合仍然完整，但因为玻璃的通透性质，使人们对这种围合空间的心理感受游离于"有"与"无"之间，从而使室内与室外变得更为融通；再如，中厅或共享空间的透光顶棚，将蓝天和阳光引入室内，也能大大满足人们在室内感受自然的心理需求。更有一些现代主义设计者强调运用构成的形式，从而形成多种不确定的界面围合，介于室内空间与室外空间之间的中介空间。这种多元化空间变化的出现满足了多层次人的使用需求（如墨尔本住宅的设计，见图3-1）。

案例

墨尔本智能住宅

建筑师结合了社会、健康、环境以及被动式太阳能设计原理等多项内容，创造了这个高水准且价格又亲民的环境友好型住宅。

为了达到业主提出的较强的适应性要求，建筑师将旧建筑拆除，重新建造了一座完整的住宅，并且将现有

●图3-1　墨尔本智能住宅

建筑与项目改造部分更好地连接起来，最大程度改善整个家庭的能源性能。同时为了保持建筑的美观，设计师设计了一个有趣的体量，并且通过合理利用储物空间，最大限度地减少面积的浪费，让每一寸空间都能够充分发挥作用。扩建部分则包含了开放式起居室、通过落地玻璃窗向室外开放的餐厅与厨房。

3.1.2 材质

材质指材料本身表面的物理属性，即色彩、光泽、结构、纹理和质地，是色和光呈现的基体，也是环境艺术设计中不可缺少的主要元素。不同质感的材料给人不同的触感、联想和审美情趣。材料美与材料本身的结构、表面状态有关。例如，金属、玻璃、材料，它们质地紧密、表面光滑，有寒冷的感觉；木材、织物则明显是纤维结构，质地较疏松，导热性能低，有温暖的感觉；水磨石按石子、水泥的颜色和石子大小的配比不同，可形成各种花纹、色彩；粗糙的材料如砖、毛石、卵石等具有天然而淳朴的表现力。总之，不同种类与性质的材料呈现不同的材质美。设计者往往将材料的材质特点与设计理念相结合，来表达一定的主题。例如，清水砖、木材等可以传达自然、古朴的设计意向；玻璃、钢材、铝材可以体现高科技的时代特征；裸露的混凝土以及未经修饰的石材给人粗犷、质朴的感受，追求自然淳朴的材质美也是现代设计美学特点之一。可以说每种材质都具有与众不同的表情，而且同样的材质由于施工工艺的不同，所产生的艺术效果也都不一样。熟练地掌握材料的性能、加工技术，合理有效地使用材料的特点，充分发挥材料的材质特色，便可创造出理想的视觉和艺术效果。

案例

四季轮回——四盒园

设计师用夯土墙将花园围合起来，再利用石、木、砖等材料建造了四个盒子，它们分别具有春、夏、秋、冬不同的气氛，形成四季的轮回。这些盒子和围墙一起，把花园分隔成一个主庭院，以及位于盒子后面和旁边约10个小庭院，形成与中国历史园林非常相似的结构，花园命名为"四盒园"——来自四合院的谐音。

设计者希望在狭小的地块上，用乡土的材料和简单的设计语言，创造一个空间变幻莫测的花园。这个园林具有季节的轮回，它吸引人去体验和感知，无论人们在其中漫步还是沉思，都能感受到花园浓浓的诗意和中国园林的空间情趣（图3-2）。

●图3-2 四盒园

3.1.3 形态

形态指事物在一定条件下的表现形式。环境中的形态具有具体外形与内在结构共同显示出来的综合特性。环境设计的创意首先体现在形态上，大致可分为自然形态和几何形态两种形式。自然界中经过时间检验、岁月洗刷呈现于我们眼前的万物，是设计

●图3-3　南非废旧火车改造成的海滨酒店

师们取之不尽的设计源泉。从自然界中汲取灵感的仿生设计对现代设计产生了重要的影响。建筑师们曾模拟贝壳结构、蜂窝形态设计出了大量优秀而新奇的作品。例如，建筑大师高迪的设计思想就是源于对大自然和有机世界的认识和借鉴，他的作品形态新颖、生动多变，并且富有极强的生命力。公共环境中采用自然形态造型的设计随处可见。几何形态如方体、球体、锥体等都有着简洁的美学特征，基本几何体经过加减、叠加、组合，可以创造出形式丰富的几何形态。现代主义、解构主义设计流派的许多优秀作品便是几何形态的生动演绎。如南非废旧火车改造成海滨酒店的设计（图3-3）。此外，还有很多颇有意趣的环境设计形态取材于社会生活中的事物或事件，它们通常运用夸张、联想、借喻等手法的处理，更多地表现了地域文化及习俗，其多元化、注重装饰以及娱乐性的特征，颇有后现代主义的风格。环境设计通过其形态特征可以对人们心理产生影响，使人们产生诸如愉悦、惬意、含蓄、夸张、轻松等不同的心理情绪。正因为如此，从某种意义上而言，环境形态设计的成败即在于能否引起人们的注意力，并使人参与到空间环境中来。

3.2　形式美规律

3.2.1 比例与尺度

3.2.1.1　比例

比例，主要指建筑物整体与局部，局部与局部之间在度量（长、宽、高）上的一种制约关系。

立面设计时，常常会运用几何分析法来探索各要素的比例，以求得它们之间的对比、变化以及和谐统一。

如图3-4所示，A、B、C三个图形的长、宽比值相同（对角线相互平行或重合），形体相似，在立面设计中容易获得统一。

如图3-5所示，D、E两长方形由于比值相同，因而对角线相互垂直，属相似比例。

如图3-6所示，F、G两长方形一横一竖形成在方向感上的对比，但由于对角线相互垂直，它们仍保持着内在的相似性，从而也找到了一种对比的和谐。

如图3-7所示，不同比例的体形或图形，都会给人以不同的感受。三个不同比例的图形，A图形给人挺拔、向上的感觉，B图形给人敦实、厚重的感觉，C图形给人舒展、轻松的感觉。了解这些感受，以便很好地运用到建筑设计中去。

3.2.1.2　尺度

尺度是指建筑物整体或局部与人或某一物体之间在量度关系上存在的一种制约关系，通俗地讲，就是某一建筑物或局部给人感觉上的大小印象与其真实大小之间的关系。

相同比例的建筑或局部，在尺度上是可以处理成不同效果的。

根据这一特性，设计师们针对建筑性格和体形大小等因素，通常会设计出自然、亲切与夸张三种不同尺度，来分别处理不同的建筑立面。

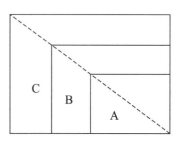

●图3-4　长宽比值相同的A、B、C三个图形

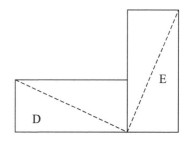

●图3-5　相似比例的D、E两长方形

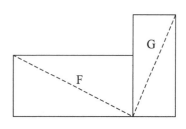

●图3-6　具有内在相似性的F、G两长方形

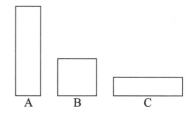

●图3-7　不同比例的体形或图形会给人以不同的感受

（1）自然尺度

自然尺度就是我们最常见的尺度，其建筑体量或门、窗、门厅和阳台等各构（部）件均按正常使用的标准大小而确定。大量民用建筑中的住宅、中小学校、旅馆等建筑常运用自然尺度的处理形式（图3-8）。

（2）亲切尺度

在自然尺度的基础上，在保证正常使用的前提下，将某些建筑的体量或各构（部）件的尺寸特意缩小一些，以体现一种小巧和亲切的感觉。中国古典园林，特别是江南园林建筑常运用这一手法，以强调江南私家园林建筑固有的小巧、玲珑和秀气的特质（图3-9）。

（3）夸张尺度

与亲切尺度相反，夸张尺度是将建筑整体体量或局部的构部件尺寸有意识地放大，以追求一种高大、宏伟的感觉（图3-10）。

●图3-8　虹桥花瓣楼

●图3-10　未来主义风格的格拉茨美术馆

●图3-9　中国江南古典园林

案例

折叠楼梯

　　折叠楼梯始于一个体现其轻盈性的简单想法，这种设计形式因其独特的单向悬臂踏步，使得偏转力减少了其外层的限制。这样的折叠结构使用最少的材料，展示出插入式的玻璃楼梯踏板，从而呈现出类似"翼"的形状（图3-11）。

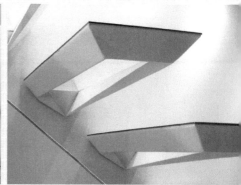

●图3-11　折叠楼梯

3.2.2 均衡与稳定

　　从远古时期，人们就对重力产生了崇拜，并且在生活实践中逐渐形成了一套与重力相关的审美观念，这就是所谓的均衡与稳定。在自然现象中，人们发现一切事物要保持均衡与稳定必须具备一定的条件，犹如树一般：树根粗，树梢细，呈现一种下粗上细的状态；或如人的形象，左右对称等。实践证明，凡是符合这一原则的造型，不仅在构造上是坚固的，而且从视觉的角度来看也是比较舒适的。

　　均衡是部分与部分或整体之间所取得的视觉力的平衡，有对称和不对称两种形式。前者是简单的、静态的；后者则随着构成因素的增多而变得复杂，具有动态感对称的均衡是最规整的构成形式，对称本身就存在着明显的秩序性，通过对称达到统一是常用的手法。对称具有规整、庄严、宁静、单纯等特点，但过分强调对称会产生呆板、压抑、牵强、造作的感觉。对称有三种常见的构成形式：

① 以一根轴为对称轴，两侧左右对称的称为轴对称，多用于形体的立面处理上；

② 以多根轴及其交点为对称的称为中心轴对称；

③ 旋转一定角度后的对称称为旋转对称，其中旋转180°的对称为反对称。这些对称形式都是平面构图和设计中常用的基本形式，古今中外有很多的著名建筑都是通过对称的形式来获得其均衡与稳定的审美追求及严谨工整的环境氛围。不对称的均衡没有明显的对称轴和对称中心，但具有相对稳定的构图重心。不对称平衡形式自由、多样，构图活泼，富于变化，具有动态感。对称平衡较工整，不对称平衡较自然。在我国古典园林中，建筑、山体和植物的布置大多都采用不对称的均衡方式布置的设计方法。而今，随着环境艺术空间功能日趋综合化和复杂化，不对称的均衡法则在环境艺术中的运用也更加普遍起来。

 案例

Bosjes 小教堂

如图3-12所示，整个教堂就是一片被"软化"的混凝土片，漂浮着嵌在四片玻璃上。这片混凝土通过优雅的起伏完成自我支撑，同时营造出一个完整独立的空间。十字架与窗框结合，完整且恰到好处。四周的景色在起伏的屋顶曲线的"剪切"下呈现出对称、均衡的完美构图。

● 图3-12　Bosjes 小教堂

3.2.3 韵律与节奏

建筑艺术作为一种综合的艺术形式，与音乐、诗歌及舞蹈等其他艺术门类有很多相通之处。著名建筑学家梁思成先生在《建筑与建筑的艺术》一文中曾以北京广安门外的天宁寺塔为例，分析了在建筑垂直方向上的节奏与韵律，他写道："……按照这个层次和它们高低不同的比例，我们大致可以看到（而不是听到）这样一段节奏"。

节奏与韵律是建筑形式美的重要组成部分，是人类在长期从事建筑实践活动中审美意识的积淀和升华。人类的建筑实践活动中，不仅使建筑中的节奏与韵律美得以产生，而且使之获得丰富的内涵和相对独立的审美价值及意义。节奏是建筑形式要素中有规律的、连续地重复，各要素之间保持恒定的距离与关系。韵律是指建筑形式要素在节奏基础之上的有秩序的变化，高低起伏，婉转悠扬，富于变化美与动态美。节奏是韵律的纯化，它充满了情感色彩，表现出一种韵味和情趣。只有节奏的重复而无韵律的变化，作品必然会单调乏味；单有韵律的变化而无节奏的重复，又会使作品显得松散而无零乱。建筑艺术当中的协调与变化离不开节奏与韵律因素的相互渗透和统一。

总之，虽然各种韵律所表现出的形式是多种多样的，但是他们之间却都有一个如何处理好重复与变化的关系问题。而建筑中的韵律形式大体可分为以下四种形式：

（1）连续的韵律

其构图手法系强调运用一种和几种组成要素，使之连续和重复出现所产生的韵律感。

（2）渐变的韵律

此种韵律构图的特点是：常将某些组成要素，如体量的大小、高低，色调的冷暖浓淡，质感的粗细轻重等，作有规律的增强与减弱，以造成统一和谐的韵律感。例如，我国的古代塔身的体形变化，就是运用相似的每层檐部与墙身的重复与变化而形成的渐变韵律，使人感到既和谐统一又富于变化。

（3）起伏的韵律

该手法虽然也是将某些组成部分作有规律的增减变化所形成的韵律感，但是它与渐变的韵律有所不同，而是在体形处理中，更加强调某一因素的变化，使体形组合或细部处理高低错落，起伏生动。

（4）交错的韵律

运用各种造型因素，如体量的大小、空间的虚实、细部的疏密等作有规律的纵横交错、相互穿插的处理，形成一种丰富的韵律感。从上面的节奏和韵律变化中可以看到，建筑的韵律美一方面通过建筑的细部处理（如窗形、线角、柱式等装饰手法）来表现；另一方面往往是与结构形式的完美结合体现出来的。建筑师在努力创造建筑韵律美的同时，更应着眼于正确表达力学概念与结构原理的合理性，充分发挥材料的性能与潜力，创造出能够直接显示结构的"自然力流"的形态，把结构形式与建筑空间、艺术造型高度结合在一起。古埃及、古

希腊石梁柱结构的神庙、古罗马的拱券结构，哥特教堂的尖拱与飞券以及我国古代的木构与斗拱所表现出来富有变化的古典韵律依托于结构形式，在荷载合理传递的过程中美化结构构件，它们体现出来的建筑韵律美从艺术角度上看是近乎完美的。通过各种现代科技手段使建筑韵律美及其他建筑形式美自然显露出来并具有美学意蕴，应该是当代建筑师不断探索、努力追求的方向。建筑作为人类居住环境的基本构成部分，直接影响着我们的城市面貌，节奏与韵律的变化不单单适用于建筑单体设计，也同样适用于城市环境设计。建筑学的发展在经过了追求"实用"、追求"艺术"以及追求"空间"等几个阶段之后，正向"环境"建筑学、"生态"建筑学的阶段发展。如何科学地、按规律地构筑城市和乡村并使之适应城市化、现代化的进程，使人类生存环境得到均衡的、可持续的发展是时代赋予我们设计师的神圣历史使命。

建筑的节奏与韵律之美需要我们不断发现、鉴赏与领悟，并利用这些自然规律去指导我们的建筑创作，使建筑与城市真正成为生态的、有机的整体，成为大自然的组成部分。

案例
隈研吾设计和建造的"虹口SOHO"办公楼

如图3-13所示，整个建筑包裹在褶状铝网条带中，整体看起来像是编织的蕾丝或事务所描述的"柔软的女性服饰"。这些有机的极具雕塑感的板条沿着表面波动起伏，赋予这个环境一种动态的气氛。此外，根据一天时间和太阳位置的变化，"褶"产生了奇妙的光影效果。在内部办公空间贯穿墙和天花也延续着这种"褶"的主题。

●图3-13 "虹口SOHO"办公楼

3.2.4 对比与相似

对比是指互为衬托的造型要素组合时由于视觉强弱的结果所产生的差异因素，对比会给人视觉上较强的冲击力，过分强调对比则可能失去相互间的协调，造成彼此孤立的后果。相似则是由造型要素组合时之间具有的同类因素。相似会给人以视觉上的统一，但如果没有对比会使人感到单调。

在环境艺术设计中，形体、色彩、质感等构成要素之间的差异是设计个性表达的基础，能产生强烈的变化，主要表现在量（多少、大小、长短、宽窄、厚薄）、方向（纵横、高低、左右）、形（曲直、钝锐、线面体）、材料（光滑与粗糙、软硬、轻重、疏密）、色彩（黑白、明暗、冷暖）等方面。相同的造型要素成分多，则空间的相似关系占主导；不同的造型要素成分多，则对比关系占主导。相似关系占主导时，形体、色彩、质感等方面产生的微小差异称为微差。当微差积累到一定程度后，相似关系便转化为对比关系。

在环境设计领域，无论是整体还是局部、单体还是群体、内部空间还是外部空间，要想达到形式的完美统一，都不能脱离对比与相似手法的运用。

案例

墨尔本尔克特大楼

这座位于澳大利亚墨尔本（Melbourne）的大楼曾经获得"2011年全国住宅类建筑嘉奖"。名为A'Beckett Tower，位于一处900m^{2}的场地上，其多彩的三角形遮阳板为大楼的立面带来了丰富多变的视觉效果，阴影与色彩配合得非常巧妙（图3-14）。

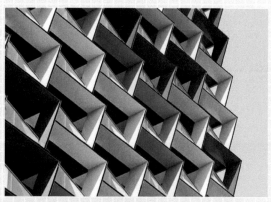

● 图3-14　墨尔本贝克特大楼

3.2.5 统一与变化

统一与变化是形式美的主要关系。统一意味着部分与部分及整体之间的和谐关系，就是在环境艺术设计中所运用的造型的形状、色彩、肌理等具有协调的构成关系。变化则表明其间的差异，指环境艺术设计中造型元素的差异性，如同一种线型在长短、粗细、直曲、疏密、色彩等方面的变化。统一与变化是辩证的关系，它们相互对立，而又互相依存。过于统一易使整体空间显得单调乏味、缺乏表情，变化过多则易使整体杂乱无章、无法把握。统一应该是整体的统一，变化应该是在统一的前提下的有秩序的变化，变化是局部的。

04

环境空间的设计

4.1 室内环境空间设计

4.1.1 室内空间的类型

4.1.1.1 结构空间

任何室内空间都是由若干承重构件所组成的，对这些暴露式结构的处理，这样的设计充分体现出了结构的时代感、力度感、科技感，真实反映空间的特性，具有较强的艺术表现力和感染力，是现代空间艺术审美趣味中一种重要表现形式。

案例

莱蒙创智谷临展空间

设计师以"折纸魔法"这个设计理念贯穿于整个空间设计，并通过硬装、软装、施工的一体化设计让该概念得以实现。运用黑白两色的对比表现出纸张的折痕，曲折并且不对称的折线从入口处一直延伸到展厅的最末端，自然而然地起着引导的作用（图4-1）。

●图4-1　莱蒙创智谷临展空间

4.1.1.2 共享空间

一般是在较大型的公共空间中会设置共享空间，其内部常设有多种设施，例如，休息设施、服务设施等，是综合性、多用途的灵活空间。同时，共享空间要强调流动性、渗透性与交融性，对其他空间起到了一种连接、交通枢纽的作用。再次，在空间景观处理上，注意相互交错、内中有外、外中有内，在设计时常把室外一些自然景象引入到室内中来，如假山、流水、绿色的植物等，整体空间富有动感、情趣，极大地满足了现代人的物质和精神的需求。

案例

法国 EuropaCity 文化中心

这栋全新的剧院综合体和文化实验中心将见证传统戏剧表演迈向新的纪元。EuropaCity 文化中心是一个全新的旅游发展项目，它连接城市文化、体育、商务、休闲、酒店、餐厅和城市农业，并迎合当地社区打造既本土又国际化的游览中心（图 4-2）。

该建筑设计侧重于社区理念，将影剧院打造成更具互动性、社交性和可达性的公共活动场所。来访者可以在此欣赏电影，更能够感受屋顶露台和户外剧院带来的一系列多媒体展演及多样丰富的社交活动。

●图 4-2　法国 Europa City 文化中心

4.1.1.3 母子空间

母子空间是空间二次分割形成的大空间中包容小空间的结构，它主要通过一些实体性或虚拟象征性的手法再次限定空间，形成楼中楼、屋中屋的空间格局。既满足了功能要求，又丰富了空间的层次。子空间往往都是有序的排列而形成一种有规律节奏的空间形式，使得空间使用者既能保证相对独立性与私密性，又能方便地与群体中的大空间沟通。

案例

韩国教育中心 Hands-on Campus

这是一家利用乐高教育产品为媒介的具有教学创意的教育集团，它引进了韩国新的学习方法。设计师将品牌的一贯理念"动手、动脑"，诉诸该处的空间设计，立志打造一个更令人心奋和更吸引人能够给公众提供灵感的地方。

整个区域被分为了几个立方维度的空间，具有代表性的元素和颜色，代表着不同的场景。那些立方空间是根据学习的过程和经验的循环来安排的，学生和访客都能够想象他们自己是故事中的一部分，从而发现未来的可能性。

●图4-3 韩国教育中心 Hands-on Campus

在"机车"模型的区域，墙面上挂着一块屏幕，正在放映着赛车的实况转播，旁边的墙壁上悬挂着各式各样的机车模型，可以引领公众进入一片汽车的天地。而另一方立方空间则是孩子们的娱乐场所，整个空间是蓝绿色的基调，天花板上是十几盏白色节能灯，放射出的白光再经天花板、墙面和桌面反射，立即给人耳目一新的感觉；毗邻该空间的是一方红色区域，墙壁上画着一辆公共汽车，里面的乘客俏皮可爱，似乎在给到来的小朋友讲述着一个个生动的故事。

其他的几处展览空间特点是兼备科学性和趣味性的，那里除了机车模型，还有机器人模型以及很多需要融入高科技的高端产品，可以满足很多青年人对科学的探索需求。

除了展览空间，还有一间商店。这里除了售卖这些琳琅满目的商品，还提供桌凳供访客小憩（图4-6）。

4.1.1.4 开敞空间

开敞空间的限定性和私密性较弱，公共性与开放性较强。在空间感上，开敞空间是流动的、渗透的。通常更多的是借助室内外景观扩大视野，强调与周围环境的交融，并有一定的趣味性。在功能使用上灵活性较强，能根据功能需求的变化来改变室内格局；在心理效果上，表现为开朗、活跃、有接纳性的特点。

案例

Belgian Loft

如图4-4所示，这是一个典型的欧式公寓，空间比较小。房屋中央是起居室，连接一个卧室和浴室，卧室则是利用稍显透明的门作为隔断，在发挥空间隔断作用的同时，也增强了室内空间的通透感。设计师尽力减少家具的摆放，落地灯、台凳、沙发灯各个元件，都有着非比寻常的简约设计感，既不突兀，又别有用心，使其保留开放式空间的优点。

●图4-4 Belgian Loft

4.1.1.5 封闭空间

封闭空间是利用明确的围护实体包围起来的空间，与其他空间相比较在视觉上、听觉上、空间上有很小的连续性，隔离性较强；在景观关系上和空间性格上，封闭空间具有较强的私密感和领域感，在心理上给人以安静、严肃和安全感。但是长时间处于这种空间中会给人闭塞、枯燥的感受，因此为了调节空间氛围，通常可采用人工景窗、大幅场景挂画、镜面等设计手法来扩大空间和增加空间的层次感。

案例

日本 GRAND TREE MUSASHIKOSUGI 吸烟室

为了让 GRAND TREE MUSASHIKOSUGI 购物商城的一层吸烟室获得较新鲜的室内空气，设计师对这一房间从两点进行了空间改造：如图 4-5 所示，曲面墙的置入，将烟抽吸到墙后并进一步引至天花板排出；通过在烟灰缸和排风口之间设置风扇，烟气被快速吸入，减少了二手烟对人的伤害。通过以上措施，这间仅 4m（长）×3m（宽）的吸烟室获得了良好的空气流通，创造了相对健康的吸烟环境。房间尽头的玻璃墙面嵌入一个白色半月形的烟头回收槽。玻璃墙面反射室内环境和袅袅青烟，让人产生种种错觉。该吸烟室打破传统，用更加高效的方式解决了室内排烟问题，创造了独特的吸烟体验。

● 图 4-5　日本 GRAND TREE MUSASHIKOSUGI 吸烟室

4.1.1.6　动态空间

　　动态空间是指从心理与视觉上给人以动态感受的空间。在空间形态上，往往具有空间的开敞性和视觉的导向性特点，空间组织灵活多变；在界面组织上，具有连续性与节奏感，常利用对比强烈的色彩、图案以及富有动感的线性作为装饰元素；在空间氛围的营造上，常把室外流动的溪水、瀑布、富有生机的花木、阳光乃至动物引入环境中来；同时，还可以借助交错的人流、生动的背景音乐、闪动的灯光影像等来表现空间的动态感受；在设施的设置上，常利用机械化、电气化、自动化的设备（如电梯、自动扶梯、旋转地面、活动展台、信息展示等）形成丰富的空间动势。

▼ 案例

移动游乐园——日本涩谷西武女装和帽子商店

　　设计师将设置在公园的"移动游乐园"作为这家商店设计主题。

　　在相邻建筑里的灰色调图案的地板从半路延伸到过道上，不同的锯齿状的排列图形延续到新的空间。蓝绿色的涂料得到了不受限制的应用，覆盖了屋顶以及一些结构元素，这样的颜色加强了空间内的新鲜色彩。与此同时，又搭配了木料、黑色和白色的陈列架以及装饰元素，带有条纹的遮阳篷和长度适中的彩旗，被抽象成简单的条纹和形状，用来划分空间和修饰服装区的围栏（图4-6）。

● 图4-6　日本涩谷西武女装和帽子商店

4.1.1.7 静态空间

相对于动态空间，静态空间的形式比较稳定，构成较单一，常以对称、向心、离心等构成手法进行设计，达到一种静态平衡。空间的限定性较强，趋于封闭型。多为尽端空间，即空间序列的终端，私密性强，因此，不易受其他空间的干扰和影响。空间比例设计适中，色彩淡雅、光线柔和、造型简洁，没有过多复杂与视觉冲击力较强的造型元素（图4-7）。

● 图 4-7　芬兰 Kuokkala 教堂

4.1.1.8 虚拟空间

虚拟空间主要是依靠观者的联想和心理感受来划定的一种空间形式，也称"心理空间"。这种空间没有明确的隔离形态，限定感较弱，它往往存在于母空间中，既与母空间相互流通而又具有相对的独立性和领域感。虚拟空间常借助各种隔断、家具、陈设、水体、绿化、照明以及不同色彩、材质、高低差等作为设计元素进行空间的限定。

案例

日本 teamLab 数字艺术环境设计

日本团体实验室（teamLab）的交互装置"共存"（Harmony），在2015年的米兰世博会日本馆中展出。

作品的灵感来源于"日本稻田"，睡莲状的屏幕上投影映射出一片色彩斑斓的稻田。伴着虫鸣蛙声，绿油油的"水稻"不时摇曳起舞，一大片"锦鲤"跟随着你的步伐缓缓游弋，让人仿佛置身于夏夜的田野中。设计师希望作品能为人们打造出一个独立的空间，在这里似乎能感觉到自己在用指尖轻拂着水稻，徜徉在其中，去感受大自然所想要表达的一切（图4-8）。

● 图4-8　灵感来源于"日本稻田"的交互装置——"共存"

4.1.1.9　悬浮空间

在较大、较高的空间的垂直方向上，采用悬吊、悬挑或用梁在空中架起一个小空间，给人一种"悬浮"感。悬浮空间由于底面没有支撑结构，因此可以保持视觉的通透完整，使低层空间的利用更为灵活。空间形式感也更加别致和与众不同，具有一定的趣味性。

 案例

Atlantis Blue

Atlantis Blue是一间开设于香港中环，提供新派美食的高级西餐厅，名字取自古希腊传说中的小岛亚特兰蒂斯（Atlantis）。

在空间设计上运用抽象的手法，打造出神秘及梦幻的感觉。地板和墙身都用上仿古的木板，以带出失落古城的主题，木墙身及厨房玻璃画上蓝色的古老地图和希腊文字，用餐区域间磨砂质感的玻璃隔断，两种餐椅的交替摆设与木地板及暖色调为主的用餐环境形成对比，一切都仿佛像是将要揭开沉睡在海底的伟大帝国的面纱。

镜面不锈钢天花及窗花是为了扩充室内空间及阻隔室外的繁忙景观，利用激光切割做出特别定做的图案；图案的灵感来自水底的流动感和影子，模仿出照射进海底的一束束阳光，令整间餐厅就像沉于水中。日光及射灯能穿透其中，创造神秘的光影图案赋予整个室内环境，在日与夜给予顾客不一样的梦幻感觉，映衬着那一段沉睡在海底的史前文明（图4-9）。

图4-9　Atlantis Blue

4.1.2 室内空间的分割

在室内空间环境设计中，要想满足使用者对不同空间、不同区域的功能要求，满足人们对艺术和审美的要求，空间的分隔在其中起着不可或缺的作用。各类建筑及空间都有其自身的功能特点，在进行室内空间的分隔时，要符合其自身规律和要求，并选择适当的分隔方式。

4.1.2.1　绝对分隔

绝对分隔是指空间中承重墙到顶的隔墙等限定性的实体界面来分隔的空间。其特点是：空间界限非常明确，具有强烈的封闭感，其隔声性、视线的阻隔性良好，抗干扰能力强，保证空间的独立性与私密性，能够创造出安静宜人的环境。但由于界面的完全阻隔，使空间缺少流动性与连续性。一般情况下，绝对分隔常用于居住建筑、教学建筑、办公建筑等建筑空间。

 案例

SOHO Tree House

互联网为日常工作带来的最大便利，就是沟通方式更多样，效率也得到了极大提高，这推动SOHO式工作方式从无到有，甚至成了一部分人的常态。对SOHO群体来讲，随性的工作状态往往是保持生产力的前提，但随性不等于随意，工作环境的舒适度往往与效率息息相关。

对于如何解决这些痛点，新加坡设计师Dymitr Malcew的解决方案是Tree House。Tree House可以直译为"树屋"，但Dymitr Malcew并不想用这两个字给自己的设计定调，而且显然从外形上看，你不大可能联想到树。取这样的名字，Dymitr Malcew试图带给办公者类似动物栖息在树上的体验，联系到家居设计的语境，这其中当然包含了舒适性与私密性。

正是因为Tree House（图4-10）将舒适与私密作为设计的初衷，使我们看到一个半包围式结构隔出的私人小空间，而厚实的织物衬垫在为使用者提供舒适坐卧感受的同时，还担负着增强隔声效果的重任。另外，Tree House底部还配备了万向轮，可以方便地将两个独立的Tree House组合为一个整体，相当灵活。

显然，这种随时就能完成的小型密闭空间不论在工作还是生活中，都有着不小的用处。

● 图4-10 SOHO Tree House

4.1.2.2 局部分隔

局部分隔是指利用限定性相对较低的片段性界面来划分空间，如屏风、家具、矮墙等。其特点是：空间限定感较弱，但流动性、联系性较强，空间不同区域之间能良好地融会贯通，有利于空间的布置形式丰富多变。但这种分割决定了空间在隔声性、视线通透、私密性等方面较弱。局部分隔常见的分割形式有：独立面垂直分隔、平行面垂直分隔、L形面垂直分隔、U形垂直面分隔等。无论在大空间还是小空间此种分隔手法都会被经常使用。如在餐饮环境的大厅空间中，为了避免用餐者相互干扰，保持相对的私密性，通常会采用一些装饰隔断进行空间的划分。

案例

荷兰阿姆斯特丹 BrandDeli 办公空间

设计机构DZAP开发了电视广告公司BrandDeli的新办公空间，坐落在荷兰的阿姆斯特丹。根据BrandDeli电视广告公司的性质，DZAP旨在将其打造成为一个温馨的家庭办公室。该项目设计背后的理念，是把空间变成一个看起来和感觉起来比家庭更舒适的场所。

该办公室项目面临的挑战之一是要使略显黑暗的空间变得干净明亮，在这个空间内，只有在外观开通的几个大窗户和一个能够让光线透射进来的天井。一楼较暗的区域被改造成为推动工作的区域，如会议室、复印区和一间酒吧。橱柜被巧妙地用于酒吧/厨房和复印区域之间的天然分隔（图4-11）。

●图4-11　荷兰阿姆斯特丹 BrandDeli 办公空间

4.1.2.3　弹性分隔

弹性分隔是指利用一些拼装式、折叠式、推拉等隔断、屏风、幕帘、家具、陈设等分隔空间。其特点是：可根据使用功能的要求随时移动或启闭，空间的形式可自由机动地调整。弹性分隔多用于临时性、短暂性、小范围的空间使用上。

案例

移动序列——日本大阪 Nikken Space Design 办公室

由于该工作室容纳了不同专业的工作者，包括有设计师、电脑绘图（CG）渲染和计算机辅助设计（CAD）操作，所以新办公室设计应确保能促进更多的创造性和更高的效率，还要去了解员工的个性，反映出员工喜欢的工作方式。每一个属于这个办公室的员工理应被视为独立的出色创造者。

因此，与传统企业不同，该办公室拥有非常扁平化的组织结构。一般情况下是 4~5 名员工组成一个团队去负责一个单独的项目，而且团队成员都极为注重彼此间的有机联系。设计师表示，他们在设计的早期阶段就意识到，一个固定的桌面布局并不符合他们的风格。

将每个设计师的优点和才能输送于社会，是这个办公室的价值所在。从这一视角来看，打造一个高度统一的工作空间的理念也不适合他们的工作人员。因此，如何建立一个创造性的空间，让每个独立个体的特性都得到尊重，使个体间的有机联系能在一个高度自由的层面上实现，成为这个项目最大的课题。

设计师还认识到，要增强办公室提供给客户的价值，员工进来后与人、物、事的连接点都是重要的因素，也即业务联系、材料和书籍的数量和质量。基于此，设计师创设了一种机制，使工作人员能在办公室周围自由活动，从而最大化各个移动点的效应。

每处室内空间的设计都旨在满足开展会议、检索信息和挑选材料等个人目的。不仅如此，每个空间都是由高移动性区域连接起来的。地板经过三维设计就像体育场的站台，这样当人们在室内行走时因高度变化就会获得一种独特的景观，同

时感受到办公空间的统一感。虽然必须要爬上书架才能找到想要的书，但员工同样也可以坐在台阶上看书，从高处欣赏景观，转换心情。

办公室为所有员工都配备了可移动的办公桌以便自由布局，这样一来，虽然各个团队是基于不同项目而组成的，但工作都是可见的，而且还促进了高效的信息交流。尽管这是打造灵活的办公室通用设计的另一种方式，然而办公空间方便灵活的布局在任何时候都能实现类似的灵活性。

最终，技术通用化导致了每个人的特征得以展示。仿照寿司卷造型的员工办公桌由回收塑料瓶制造，能自由滑动。如果一名员工因新项目而被分配到另一不同的位置，桌子会随其移动。

对这些可移动桌子而言，电力供应是要解决的问题之一。设计师加入了一个机械装置，利用如同细菌鞭毛的导线为每张办公桌提供电力，距离最近的桌子便形成了一条供电链。每张桌子既有互动又保持了独立，这个办公桌系统不仅使员工的工作方式可视化，同时以最高效的方式加速了创造力的发挥（图4-12）。

● 图4-12　日本大阪 Nikken Space Design 办公室

4.1.2.4　象征分隔

象征分隔是指利用灯光、色彩、材质、栏杆、水体、绿化、悬垂物、高差等分隔空间。其特点是：它是一种限定性极低的分隔方式，界面模糊，主要通过联想和视觉的原型来界定空间。空间流动性极强，易于产生丰富的空间层次变化。无论是在大空间还是小空间中，象征分隔的方式都是适宜的。

法国巴黎 Glass & Walnut 公寓

考虑到房子主人们的社交生活比较丰富，喜欢招待客人，因此设计师最大限度地迎合他们的生活习惯和需求，融入主人的特性，将客厅、厨房、餐厅以及一间陈列室／书房这些区域都结合到一起，为其打造了一个极为舒适宽敞的生活空间。

公寓共有两层，其中，一层拥有一个非常宽敞的区域，它充分利用了从街道和庭院照射进来的自然光，又因厨房和餐厅设计成开放式的，与客厅直接相通，所以一层显得十分明亮清透，有几许北欧的清新格调，又散发浪漫之都独有的优雅气质。临街的外立面内侧嫁接着一个曲面的透明玻璃体量，因为它的存在，整个主空间充满着通透感，与此同时，窗帘的加入让它又可以保持相对独立，独居一角成为房室。设计师的巧妙构思成全了这个小玻璃空间的双重用途，既可以作为书房，也可当作客房来用。而最为吸睛的元素，却是陈设在中心的一个造型奇特的装置，其外形像是一把巨型扫帚，挺立在客厅中极具视觉冲击，艺术格调凸显无遗，因色调与木原色相近，所以不会使人觉得与内装格格不入（图4-13）。

●图4-13　法国巴黎 Glass & Walnut 公寓

4.2 室外环境空间设计

从客观意义上来说，空间的概念是无限的，只有在对其进行某种"界定"时，"空间"才具有实用的价值。我们所说的室外空间环境，是从自然中由框框所划定的空间，与无限伸展的自然是不同的。

4.2.1 室外空间的类型

空间的性质是在开始外部空间设计时所应首先确定的问题。空间的性质有了确定，才有可能去构思平面布局。平面布局是对相应空间所要求的用途进行分析，然后在方位上确定相应的领域。

空间的性质首先可以分为这样两类：一种是车辆可以驶入的区域，另一种是只供人活动的领域。由此，我们可以总结出：机动车道路和人活动的区域之间，最好能设置一两级台阶相隔。用这种方法来分隔空间，比树立标志分隔空间要好得多。在小水面、踏步、矮墙围隔的空间内，人们可以自由地活动，不必担心机动车的干扰。这种为人活动提供的空间，是外部空间设计的重点。

因此，室外空间环境可以根据其构成特征，分为不同的类型。

① 从活动方式上分为运动空间、停滞空间。
② 从空透程度上分为开放空间、封闭空间。
③ 从心理感受上分为流动空间、静止空间。

4.2.1.1 运动空间与停滞空间

运动空间包括以下几种空间：向某个目的前进、散步、进行游戏或比赛、列队行进或其他集体活动等。停滞空间包括以下几种空间：静坐、眺望景色、读书、看报、等人、交谈、恋爱等空间，合唱、讨论、演说、集会、仪式、饮食、野餐等空间，饮水、洗手、方便等空间。

当然，在外部空间环境中，既有运动空间和停滞空间完全独立的情况，也有两种空间浑然一体的情况。不过，如果停滞空间没有完全脱离运动空间的话，那停滞空间就不可能是真正安静的外部空间。

运动空间希望平坦、宽阔、没有障碍物，而且运动空间的路线设计方向性要准确，距离要便捷。因为有时人的活动是在短时间内完成，如果道路设计成沿着三角形的两条边，那么行人很有可能自己踏出一条道路，这条道路就是三角形的另一条边。

停滞空间要有目的地为人们设置长椅、遮阳设施或绿荫、景观以及照明灯具等，方便人们的休息、散步等活动。用于合唱、讨论等活动的特殊空间，要在功能上为活动的方便创造条件。例如，地面点有高差的变化，方便人们的观看，或者是背后有墙壁，围合成一个类似于舞台的空间等。

外部空间应该是充满活力的、流动的空间，所以在考虑布局的方向性时，在尽端处要设置某种具有吸引力的物体或景观。假如一条道路在尽端处没有某种吸引人的内容，即使在路的两侧不断出现一些景物或变化，人们还是感到空间乏味，缺少追求。相反地，在尽端处设置吸引人的内容，或使人们感到尽端有目的物时，人们会产生途中的空间处处有趣的感觉。因此运动空间和停滞空间应是有机的互溶体。

4.2.1.2 开放空间与封闭空间

空间的感觉在很大程度上依靠开放与封闭的程度。外部空间设计就是要熟练地运用开放与封闭这两个词汇，创造出怡人的空间。

从开放到封闭，我们可以归纳出许多种程度上的变化。简单地来看，在一个空间的四面各立一根柱子，这个空间就有了范围的限定。四根柱子之间发生相互干涉作用，同时空间具有扩散性。如果每一侧各立三根柱子，那么空间就会产生形状感，使人意识到这是一个方形的空间。不过，这是一种开放的空间，空间的扩散性依然存在。假如把三根柱子换成一面墙，那么这个空间就由开放的空间转变为封闭的空间，四面墙在相互之间产生干涉作用。但是这种空间的封闭感还不十分严密，四个角在空间上欠缺而不严谨。这种敞口的缺角我们称之为阳角。这时我们假设把墙面换一个位置，由原来的封闭四个边开敞四个角，改为封闭四个角而开敞四个边的中部。尽管使用墙面的长度和原来的完全一样，但却创造出了一种感觉更加封闭空间。这种封闭的四角，称为阴角。阴角的空间和阳角的空间相比，其严谨感和紧凑感大大增强。

阴角空间在空间秩序上有更强的向心性，这个原理不仅可以应用于小型空间，早在中世纪，欧洲的一些城市广场就使用这一原理创造了大型的城市空间，这种空间给人们创造了一种宁静的环境，而且广场四周的建筑立面，更能显现出华美。这种广场在城市规划中应予以考虑，像我国目前许多新建的棋盘式街区中的广场，预留出的广场常常是阳角的空间，广场的情趣性不够。其实我国古代的城镇中，有一种阴角和阳角结合的广场很常见。这种广场是在丁字路口处把一段南北向的街道留宽，形成广场。这样，在这个四方形的广场中，有两个阴角，两个阳角，突出了位于广场北侧的文庙之类的主导建筑。

对于一个简单的外部空间来说，除了墙体的封闭程度，墙体的高度也是影响人情绪的一个重要因素。墙体高度当然和人体工程学有着密不可分的关系。一堵0.3m高的墙体，人们可以轻易跨过，尽管它能起到区分空间的作用，但对人产生不了封闭感。当墙的高度达到1.8m左右时，人就完全被墙体遮住了，一下子产生了封闭性。

4.2.1.3 流动空间与静止空间

当人们没有住处时，人们会创造性地使用一些材料造一所房子给自己使用。然而当人们没有理想的外部空间环境时，人们更喜欢随心所欲地创造符合自己理想的外部空间。我们最常见到的是把室外空间占为商业活动空间，把城市花园的一角辟为诸如跳舞、练功或其他活动的专用场所。

室外空间常常无形中形成两种情况，一种是流动不定的空间，而另一种是静止的、为人占有的空间。这两种空间都应是外部空间设计的重点，但前一种空间和后一种空间相比，似乎又要容易一些。

如何为人们提供静止的空间，一般来说，树荫遮盖的地方、半开敞的空间、空间的焦点、围合的空间等都是充满了人情味的场所。许多具有优越条件的场所常常被人们所占有，人们喜爱在这里接近水面或凭眺风景。半开敞空间也是人们喜爱停留的场所，这里光线柔和，既离开了喧闹的交通道路，又和自由通道有一个若即若离的关系，而且这里能给人以安全感和防御感。

围合空间是把交通道路设置在了某一空间之外，而把这一空间的四周加以限定。围合空间之内是安静而又适合人体尺度的广场。这种空间把运动的因素排除在外，所以适宜人们的安静活动。简单的围合空间是通向复杂围合空间的过渡。如果几个独立的围合空间相互有入口联系，那么几个独立的围合空间，就形成了一个互相渗透的整体。我们知道，人们的立场决定人们的观点，当我们身处在围合空间内时，很明显地会对围合空间以外的景物产生兴趣，所以从围合空间向外看，景物会产生相互的渗透，使本来一般的景物也变得有趣。

4.2.2 室外空间的层次

步移景异是中国园林的造园手法。景物随着人的移动而时隐时现，空间在这种变化中而产生情趣，在中国园林中已司空见惯。常用的手法是，利用地面的高差，很好地配置树木，在相当于人视线高度的墙壁上，设置一些漏明窗，在人前进的道路上不断设置门洞、弯道等。这种布景方法，使人的注意力不断分散在左右两侧，让景色一闪而现，一度又看不到了，然后又豁然出现。就像小说情节中的伏笔一样，产生悬念，吸引人不断前进。

外部空间设计中，西方技法与中国技法最大的区别之处在于：西方空间给人提供一个可以一览无余观看全貌的环境，而中国空间则是把景点分割成无数个小元素，有控制地一点一点给人看到。现在许多空间都是集东西方的特点为一体，在一个开敞的大环境中，创造一些弯弯曲曲的道路。道路的铺石配置，就像是一曲写在地面上的乐谱。简而言之，一个外部空间，如果一开始就能让人看到全貌，往往给人以强烈的印象。而一开始不让人看到全貌，有节制地控制景点，能使人心存期待。所以，东西方并用的方法，一方面给人带来强烈印象，一方面创造充实丰富的空间，是现代空间设计时常用的手法。

另外在外部空间设计考虑序列空间时，还要注意到空间层次的处理。空间是由单一的、两个或多数复合的等多种形式构成的。考虑空间的顺序，往往是从用途和功能出发来构思的。因此空间领域的排列秩序有以下几种形式：

① 外部的→半外部的（或半内部的）→内部的；
② 公共的→半公共的（或半私用的）→私用的；
③ 多数集合的→中数集合的→少数集合的；
④ 嘈杂的、娱乐的→中间性的→宁静的、艺术的；
⑤ 动的、体育性的→中间性的→静的、文化的。

即使在同一外部空间中，由于用途不同，也可考虑空间的顺序，如果有两个以上的外部空间连续在一起，自然就各自产生了空间的顺序。在外部空间设计时，如果能细致地考虑空间，赋予各个空间功能，那么外部空间环境就能给人提供一种温馨实用的场所。

案例

迪士尼音乐厅花园

迪士尼音乐厅位于洛杉矶市中心，为洛杉矶音乐中心建筑群中的一座。该花园属于建筑的一部分，是一个离地面50ft（约15m）的公众屋顶花园。洛杉矶的阳光总是那么炽烈，朝着音乐厅走去，似乎永远都逃离不了建筑表皮带来的光污染；而这座花园则借助了建筑的不锈钢磨光外墙，随着时间的变化调整着自己的光影和色调（图4-14）。

参差起伏的植物柔化了高调张扬的建筑形式。在这个连一英亩（约4046.86m²）都不到的公共花园里，建筑成了背景，开花乔木和丰富的灌木、地被植物谱写了园子的主旋律。

由于空间狭小，花园的布局很简单。蜿蜒的园路由种植区限定而成，引导着游览线路（图4-15）。园内有两个最重要的人流集中地：纪念水景和儿童剧场，一开一合，相互呼应。

●图4-14　迪士尼音乐厅花园

从东北入口进入花园，经过荫蔽的园径后，便是园子的第一处集中地——纪念水景，名为莉莲迪士尼纪念水景（Lillian Disney Memorial Fountain）。此处不再有植物遮挡，留出了足够的视线范围，照射在不锈钢外墙上的阳光直接反射在水景上，使得洁

●图4-15　蜿蜒的园路由种植区限定而成

白的瓷贴水景更加光彩夺目（图4-16）。

纪念水景广场往东是掩映在浓荫下的儿童剧场。这是一个由混凝土搭建的圆形剧场，供小型的演唱会和其他公共活动所使用（图4-17）。

除了这两处较大的人流集中地，便是零星分散的休憩小天地（图4-18）。这些小天地被挤往花园的边缘，既营造了私密惬意的小空间，又提供了向外远眺的观景点。

四十多棵乔木荫蔽了沿着种植区蜿蜒伸展的混凝土小径，种植区内种植着花灌木、多年生植物、草本植物以及特殊的单年生植物。大多数乔木为成年树，设计师根据它们的大小、造型和塑造性精挑细选，以呼应建筑各处形式与尺寸。每一棵乔木有着自己独特的造型和品质（图4-19）。

●图4-16 由八位陶瓷艺术家用高超的技术贴拼完成的纪念水景

●图4-17 儿童剧场

●图4-18 零星分散的休憩小天地

●图4-19 种植的多种乔木

05

建筑造型
设计

5.1 建筑造型的构思定位

建筑造型设计涉及的因素较多，是一项艰巨的创作任务。理想的设计方案是在对各种可能性的探索、比较中产生和发展起来的。

建筑形象的创作关键在于构思。成功的创作构思虽能成于一旦，但实则渊源于对建筑本质的精谙、坚实的美学素养与广泛的生活实践。

5.1.1 反映建筑内部空间和个性

不同类型的建筑会有不同的使用功能，而不同的建筑功能所组合的建筑内部空间也会不同，也正是这些不同的功能与空间奠定了建筑的个性，也可以说，一幢建筑物的性格特征很大程度上是功能的自然流露。因此，对于设计者来说，要采用那些与功能相适应的外形，并在此基础上进行适当的艺术处理，从而进一步强调建筑性格特征并有效地区别于其他建筑。

案例

时代一号山鼎设计办公室

山鼎设计成都公司办公室位于城市商务核心区，绝佳的地理位置和超过100m的建筑高度让该办公室拥有壮观的城市天际线景观以及两江环抱的绿色视野。承接该设计项目的设计团队力求以全新的"High performance office space（高效工作空间）"理念，从技术、工作、环境、经济四个维度出发，打造高效、灵动、高科技、绿色环保的工作空间。

（1）高效办公

激烈的市场竞争对设计企业的效率要求不断提高，传统的封闭式工作空间已经不能提供效率的提升，该设计采用全开放式工作平面定位，从布局就完成了各工作流程的紧密衔接。必要封闭空间的设置和处理也是全面考虑周边各区域需求而量身定做的，真正实现全开放、高互动、多动线的高效办公设计。

（2）灵动空间

为满足未来企业发展的种种变化，灵动办公的需求也是设计重点之一。设计师利用建筑设计优势引入模数及模块化设计理念，不管是功能布局、空间塑型还是材料运用都在严密的数学模型的控制之下进行，部件的设计也全面遵循装配式工艺要求。灵动的室内设计让工作空间具有无限可能。

（3）高新科技

32：9的超级宽屏、移动终端与投影的无线对接、"Looking Though（透视视屏）"技术的展示运用、电子白板的普及……全新技术及设备的引入，为该设计不管是在技术程度、工作效率、行业前瞻性方面都树立了业界新的高度，也体现了智能化办公的理念。

（4）绿色环保

设计秉执"绿色"环境概念，强调设计中人与环境的和谐关系。首先，建筑材料的选择都是有认证的绿色产品，如Bolon地毯、装配式成品家具、LED灯具等。其次，最大限度地减少现场施工，高架地板系统避免粉尘污染及湿做法。装配式施工最大限度地减少了施工的损耗等。除此之外，新风系统的引入，大量采用可回收材料，与供应商共同研发"Work Station（工作站）"系统，提供最佳的人体工程学解决方案。在工作区周围设置大量磁力白板，降低能耗。呈现真正的"绿色"工作空间（图5-1）。

●图5-1　时代一号山鼎设计办公室

5.1.2 反映建筑结构和施工技术

各个建筑功能都需要有相应的结构方法来提供与其相适应的空间形式，如为获得单一、紧凑的空间组合形式，可采用梁板式结构，为适应灵活划分的多样空间，可采用框架结构，各种大跨度结构则能创造出各种巨大的室内空间，特别是一些大跨度和高层结构体系，往往具有一种特殊的"结构美"，如适当地展示出来，会形成独特的造型效果。因此，从结构形式和施工技术入手构思，也是目前非常普遍的建筑创作思路。

案例

上下颠倒的纽约 100 诺福克公寓楼

如图5-2所示，100诺福克公寓楼位于一个非常狭窄的地基上，这种地基上的建筑通常会受到高度、大小的限制。设计师想出了一个绝妙的方法，在建筑上层用了一系列的悬臂梁，这不是简单地向上堆叠，而是在向上的同时也向侧面延伸，就像把整个建筑"颠倒"过来。

这样的"颠倒"格局，取代了以往建筑上半部分的增长方式，将狭窄的基地平面抬升至空中。这样处理的结果是，能够不减少临近建筑的采光量，同时也确保自身的采光。而且大部分的住宅单元都位于建筑的顶部，有着最好的采光，同时也享有让人艳美的视野。

●图5-2　上下颠倒的纽约 100 诺福克公寓楼

5.1.3 反映地域文化和宗教信仰

世界上没有抽象的建筑，只有具体地区的建筑，建筑是有一定地域性的。受所在地区的地理气候条件、地形条件、自然条件以及地形地貌和城市已有的建筑地段环境的制约，建筑会表现出不同的特点，如南方建筑注重通风，轻盈空透，而北方建筑则显得厚重封闭。建筑的文脉则表现在地区的历史、人文环境之中，强调传统文化的延续性，即一个民族一个地区的人们长期生活形成的历史文化传统。

案例

卡塔尔国家博物馆

卡塔尔国家博物馆是由许多巨型圆盘堆砌而成，就像散落一地的花瓣。这些圆盘朝向不同而且互相交叉，形成墙体、柱子、楼板，组织成了空间，汇聚了自然光。这一组组的圆盘会相互连接，又形成一个大型的室外平台。

博物馆造型的真正原型是沙漠玫瑰。它不是一种植物，而是一种在沙漠中的特殊物理现象，最终形成类似玫瑰花瓣的矿物结晶。

●图5-3　卡塔尔国家博物馆

5.1.4 反映基地环境和群体环境布局

除功能外，地形条件及周围环境对建筑形式的影响也是一个不可忽视的重要因素。如果说功能是从内部来制约形式的话，那么，地形便是从外部来影响形式的。一幢建筑之所以设计成为某种形式，追根溯源，往往都和内、外两方面因素的共同影响有着密切的关系。因此，针对一些特殊的地形条件和基地环境，常成为建筑构思的切入点。

案例

冰岛 Ion 冒险酒店

2010年艾雅法拉火山的两次喷发，这场自然灾害催生了冒险旅游，也催生了旅游地的酒店业，出现了一些精品设计酒店，Ion冒险酒店（图5-4）就是其中之一。其外形冷硬、狭长，像只被放在荒野中的长方盒子，酒店将地点选在Thingvellir国家公园附近的亨格山火山的山坡上，有着熔岩流、岩石、冰川、悬瀑和温泉围绕，这间的设计独特酒店以工业风格的粗犷木质结构与当地景致巧妙融合，并且满足了人们在崎岖地区的住宿需求。

在设计和建造过程中，为了最大限度地提高能源效率并减少其对外界环境的碳排放，在整个酒店都能感受到大量使用回收和再利用的材料——浮木、火山岩浆、再生橡胶，致力于环境的简洁性。

游客在酒店享受舒适的同时，还可以欣赏自然奇观——熔岩流、漂移的大陆架、北极光、冰川、悬瀑和温泉。

●图5-4 冰岛Ion冒险酒店

5.1.5 反映象征和隐喻

在建筑设计中，把人们熟悉的某种事物，或带有典型意义的事件作为原型，经过概括、提炼、抽象，成为建筑造型语言，使人联想并领悟到某种含义，以增强建筑感染力，这就是具有象征意义的构思。隐喻则是利用历史上成功的范例，或人们熟悉的某种形态，甚至历史典故，择取其某些局部、片段、部件等，重新加以处理，使之融于新建筑形式中，借以表达某种文化传统的脉络，使人产生视觉和心理上的联想。隐喻和象征都是建筑构思常用的手法。

案例

修道院中的纪念墙

这个纪念墙位于意大利卢卡的一个修道院中，用于人们缅怀已故的亲人。

"纪念意义"是其一个敏感的象征。用石材砌出坚固的墙，围出盘旋的路，这条联系现在和曾经的路，揭开伤痕累累的回忆历程。终点，则是一个正方形的广场，广场中心是一棵耸向天空的柏树，这里是纪念的高潮。

纪念地位于修道院腹地，外围的花园容纳着平静的修道院生活，修女们在这里漫步、阅读、祈祷（图5-5）。

●图5-5　修道院中的纪念墙

5.2 建筑立面设计

5.2.1 立面设计的空间性和整体性

建筑艺术是一种空间艺术，是立面设计师在符合功能使用和结构构造等要求的基础上对建筑空间造型的进一步美化。反映在立面的各种建筑物部件上，诸如门窗、墙柱、雨棚、檐口、屋顶、凹廊、阳台等是立面设计的主要依据和凭借因素。这些不同部件在立面上所反映的几何形线、它们之间的比例关系、进退凹凸关系、虚实明暗关系、光影变化关系以及不同材料的色泽、质感关系等是立面设计的主要研究对象。一般在建筑物立面造型设计中包括正面、背面和两个侧面，这是为了满足施工需要按正投影方法绘制的。但是实际上我们所看到的建筑物都是透视效果，因此除了在建筑物立面图上对造型进行仔细推敲外。还必须对实际的透视效果或模型加以研究和分析。例如，各个立面在图纸上经常是分开绘制的，但透视上经常同时看到的是两个面或三个面。又如雨棚、阳台底部在立面图上反映一根线，而实际透视上经常可以看到雨棚或阳台的底面。而山地建筑，由于地形高差，提供的视角范围更是多种多样。在居高临下的偏视情况下，屋顶或屋面的艺术造型就显得十分重要。

由于透视的遮挡效果和不同视点位置和视角关系，透视和立面上所表现的也有很大的出入。因此，由于建筑艺术的空间性，要求在立面设计时，从空间概念和整体观念出发来考虑实际的透视效果，并且应根据建筑物所处的位置、环境等方面的不同，把人们最多最经常看到的建筑物的视角范围，作为立面设计的重点，按照实际存在的视点位置和视角来考虑建筑物各部位的立面处理。

建筑物不同方向相邻立面关系的处理是立面设计中的一个比较重要的问题，如果不注意相邻立面的关系，即使各个立面单独看来可能较好，但联系起来看就不一定好，这在实践中是不少见的。对相邻面的处理方法一般常用统一或对比、联系或分割的处理手法。采用转角窗、转角阳台、转角遮阳板等就是使各个面取得联系的一种常用的方法，以便获得完整统一的效果。有时甚至可以把许多方面联系起来处理以达到完整、统一、简洁的造型艺术效果。分割的方法比较简单，两个面在转角处做出完善清晰的结束交代即可，并常以对比方法重点突出主立面。

案例

东京垂直住宅

西泽立卫设计的这座私人住宅涉及与城市文脉相反的领域。这座住宅位于城市中一块狭窄的用地上，在选址上回应了西泽立卫的"业务合作伙伴"客户想要生活在城市中心的愿望，这里靠近他们办公以及管理全球业务的地点。

●图5-6　东京垂直住宅

建筑楔入两座高层建筑之间，因为临街，所以设计师特别注重私密性与公共性的处理，通过临街立面大量植物的种植摆放起到既隔绝视线又不完全封闭的效果。

"垂直住宅"没有真正意义上的立面造型，看上去只有从下而上的几层梁板柱和主人摆放的植物而已。起居室和厨房位于建筑首层，第二层作为主卧室与浴室，再向上是次卧室，屋顶露台的有间小屋子作为会客室或储物间。建筑没有内部的隔墙去限定各房间，只有通高的大大的落地窗与窗帘将室内外空间进行悄悄地分离（图5-6）。

5.2.2 立面虚实与凹凸关系的处理

虚实结合，相互对比，是建筑立面设计中运用最为广泛的手法之一。

在立面设计中，"虚"是指墙体中空虚的部分，主要由玻璃、门窗、洞口、廊架以及凹凸墙体在阳光作用下的阴影部分等形成的，它能给人不同程度的空透、开敞、轻盈的感觉。"实"是指墙体中实体的部分，主要由墙体、柱子、阳台、栏板以及凸出墙面的其他实体所组成，它给人不同程度的封闭、厚重、坚实的感觉。

因此，在进行立面设计时，必须巧妙地利用建筑物的功能特点，把上述要素有机地组合在一起，把握好虚与实、凹与凸的对比与变化，从而得到和谐的统一。

案例
瑞士洛桑大学附属医院扩建项目

Meier+Associés Architectes建筑事务所利用原有建筑的稳固和简朴凸显新环境空间的多元化特征对瑞士洛桑大学附属医院的肿瘤中心进行了扩建。新大楼由两个新的楼层组成，看上去就如同移植到现有的建筑中一样，两者因而有机结合在了一起。两座人行天桥作为物流和病人以及医护人员的通道，将新楼连接到已建的基础结构之上。至于外观，新楼层以玻璃和无机物材料填充带交替装饰，在风格上和原建筑达到了协调统一，不会产生突兀违和的视觉感，也符合医院严谨的功能特质。

虽然如此，但这些外立面都是具有自身特色的：圆角有别于直角的凌厉更为时尚，延伸的玻璃带和磨光的无机物材料带虚实结合，令立面显得灵活而又层次分明，与此同时，屋顶玻璃天窗的作用则是将自然光线引进这个新建结构的中心，为室内营造宽敞、明亮、大方的环境气氛。

在室内设计上，作为医院环境的特征之一的治疗设备虽然都是严格按照医疗机构的技术和规

●图5-7 瑞士洛桑大学附属医院扩建项目

范进行的，但脱离了冰冷印象，变得更具人性化。为了缓和肿瘤中心一贯带给人的焦虑感，设计师有针对性地提高了室内的舒适度，务求达到安抚病患者情绪的目的。圆弧墙角为内部走廊带来流动性，外面的走廊则能够提供优美的景色，来自天井的自然光线也经此照射进来。玻璃大窗能让不同部分之间产生相互关联、相互作用的远近视野。

天井是内部采光的主要来源，天井的设计是点睛之笔，一只只洁白的纸飞机被设计师利用细线从天窗垂挂而下，在天井处呈现出螺旋式飞向天空的整体姿态；远看又似无数只翩翩起舞的白蝴蝶，在天蓝色的世界里自由追逐，安静而美好；又如一曲具象化的旋律，在观者心间高低吟唱，和平而美妙。不论从何种角度、哪个窗口望过去，纸飞机与白色和天蓝色背景的搭配都极具视觉美感，令人忘却此刻身在医院，而像是身临博物馆欣赏着一个设计装置。浅蓝色向来有使人心定神和的神奇的感官"魔法"，将它运用于医院的室内设计，不失为巧妙的构思（图5-7）。

5.2.3 立面线条的处理

在虚、实、凹、凸面上的交界，面的转折，不同色彩、材料的交接，在立面上自然地反映出许多线条来。对庞大的建筑物来说，所谓线条一般还泛指某些空间实体，如窗台线、雨篷线、阳台线、柱子，等等。而对尺度较小的面，如小窗洞、挑出的梁头等，在立面上相对来说也不过是一个点而已。因此在某种意义上讲，整个建筑立面也就是这些具有空间实体的点、线、面的组合，而其中对线条的处理，诸如线条的粗、细、长、短、横、竖、曲、直、阴、阳，以及起、止、断、续、疏、密、刚、柔，等等对建筑性格的表达、韵律的组织、比例的权衡、联系和分隔的处理等均具有格外重要的影响。

粗犷有力的线条，使建筑显得庄重、豪放，而纤细的线条使建筑显得轻巧秀丽。还有不少建筑采用粗细线条结合的手法使立面富有变化，生动活泼；强调垂直线条给人以严肃、庄重的感觉，强调水平线条给人以轻快的感觉，由水平线条组成均匀的网格，富有图案感；在以垂直、水平线条中穿插着折线处理，使整个建筑更富有变化；曲线给人以柔和、流畅、轻快、活跃、生动的感受，这在许多薄壳结构中得到广泛应用；由连续重复线条组成的韵律在一般建筑中都有反映。由此可见，线条在反映建筑性格方面具有非常重要的作用。

　　线条同时又是划分良好比例的重要手段。建筑立面上各部分的比例主要通过线条的联系和分隔反映出来。良好的比例是建筑美观的重要因素，但由于功能使用方面等原因，往往层高有高有低，窗子有大有小，如果不加适当处理，就可能产生立面零乱的效果。此外有许多建筑通过墙面上粉刷分割线的精心组织、改变各部分的细部比例，以达到良好的造型效果。

案例

Hannam-Dong HANDS 公司的总部办公大楼

　　Hannam-Dong HANDS公司的总部办公大楼，位于韩国首尔汉南大道（Hannam Blvd）104号一处交通繁忙的地段。作为这个地段的一个体量不算大的建筑，要求其具备一定的标志性吸引眼球，因此设计师在使用者、行人以及街道之间的视觉交互上做了一番研究与探索。

　　建筑作为Hannam-Dong HANDS公司总部办公之用，由于员工一般每天要花8h在这座建筑内，而一般的办公空间较为封闭，因此为了使员工身心得到放松，每个办公室都配备了不小的阳台可作为讨论、接电话、呼吸室外空气时使用的场所。曲线的形式也增加了空间趣味性，看似混乱的波浪面，其实相同颜色的面具有相同的曲率，在一定程度上减少了建造的负担（图5-8）。

● 图5-8　Hannam-Dong HANDS公司的总部办公大楼

5.2.4 立面色彩和质感的处理

建筑立面设计时，外墙饰面材料的选择是极为重要的。从美学角度来讲，色彩与质感的选择将直接影响到建筑外观整体效果的好坏。可以说，大面积的外墙色彩在选择时，一般都以淡雅的色调为多。在此基色上，再适当选择一些与其相协调或对比的色彩进行有机组合，从而获得良好的效果，因为材料的色彩与质感，它给人们在视觉的冲击和联想方面起到非常大的作用。

还有，对于某些建筑物，从规划角度来讲，它必须与四周的环境相协调，或者要反映出不同民族和地区的个性特点等。除了在体形设计时已有充分考虑外，在色彩与质感的选择上也必须给予重点考虑。

案例

瑞典哥德堡科技园

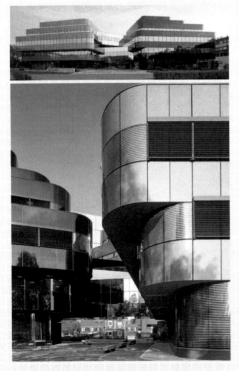

瑞典哥德堡科技园，由两个部分组成，两个部分的建筑外形相似，颜色却不同，它们通过一条象征着学术界和更广泛的社区之间的桥梁相连。

两栋建筑的外表包含着窗户镶边，由双重功能、安装好的面板覆盖，它们可以作为遮阳板或者旋转板，也可以收集和反射阳光，使阳光渗透到建筑内部。

建筑的光滑外壳也可以将周围的景物反射其上，不同的角度可以呈现出不同的色调。这两栋建筑在形式上是圆形的和定向的，在它们中间的空间可以达到阳光的最大化。建筑周边的景观有一片绿洲，在这里，植被和水都是充足的，一些公共设施也很齐全，桌凳、长凳为人们的交流提供了方便（图5-9）。

● 图5-9 瑞典哥德堡科技园

5.2.5 立面重点处理

建筑的重点处理应有明确的目的。例如一般建筑物的主要出入口，在使用上需加强人们的注意，且在观瞻上首当其冲，而常作重点处理。其次，如车站的钟塔、商店的橱窗等，除了在功能上需要引人注意外，还要作为该类建筑的性格特征或主要标志而加以特别强调。重点处理有利于反映建筑特点。某些建筑由许多不同大小的空间所组成，不论在功能上、体量上客观地存在明显的主次之分，因此在建筑的设计和构图时，为了使建筑形式真实地表达出内容，突出其中的主要部分，加强建筑形象的表现力，也很自然地反映出重点来。另外，为了使建筑统一中有变化，避免单调以达到一定的美观要求，也常在建筑物的某些部位，如住宅的阳台、凹廊，公共建筑中的柱头、檐部、主要入口大门等处加以重点装饰。重点处理主要通过各种对比手法而取得，以充分引起人们的注意。

案例

Cocoon House

Cocoon House是联排别墅的一部分，原本和周围的房屋都有着相同的外观，设计师的改造完全逃脱了原本样貌框架的限制，改造后显得标新立异、时尚和现代。

新的外立面安装了带有装饰图案、具有很强装饰性的白色混凝土砖，这种装饰砖有不少的间隙，因此在装饰之余，光线的通透性也非常好（图5-10）。

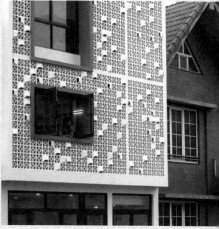

●图5-10　Cocoon House

5.2.6 立面局部细节的处理

局部和细节都是建筑整体中不可分割的组成部分，例如建筑入口的局部一般包括踏步、雨篷、大门、花台等，而其中每一部分又包括许多细部的做法。建筑造型应首先从大处着眼，但并不意味着可以忽视局部和细部的处理，诸如墙面、柱子、门窗、檐口、雨篷、遮阳、阳台、凹廊以及其他装饰线条等，在比例、形式、色彩上有值得仔细推敲的地方。例如墙面可以有许多种不同材料、饰面、做法；柱子也可以采取不同的断面形式；门、窗在窗框、窗扇等划分设计方面的形式和种类也甚繁多；阳台有不同的形式、不同的扶手、栏杆、拦板等处理方式。凡此种种都应在整体要求的前提下，精心设计，才能使整体、局部和细部达到完整统一的效果。在某种情况下，有些细部的处理甚至会影响全局的效果。

案例

芬兰北 Kärsämäki 教堂

● 图5-11　芬兰北 Kärsämäki 教堂

Kärsämäki 教区的第一座教堂于1765年建成，位于风光秀美的河堤上（图5-11）。后来，由于成员规模发展壮大，教堂无法继续满足集会的需求，加上教堂经过岁月的洗礼已经变得残破不堪，因此于1841年正式拆毁。1998年，市政府提出了重修旧教堂的想法，但是无法找到任何清晰记载旧教堂的文献。建筑师 Panu Kaila 提出采用18世纪的传统方法修建一座新的现代化教堂。这一想法让项目相关方很感兴趣。该教堂的设计在奥卢大学建筑系的学生竞赛中脱颖而出，赢得了比赛的胜利。

该项目的设计灵感是用传统手工艺方法打造现代化的宗教场所，营造宁静感和神圣感以及一种令人信服的、自然的教会氛围。建筑材料体现出手工加工木材所特有的粗糙感。

教堂包含两个主要部分：黑色焦化木块形成的"披风"以及原木制成的"核心"部分（图5-12、图5-13）。教堂屋顶和外表皮共需要50000块木块。首先将山杨树加工成木块，并将表面修削平滑，然后将木块放入热碳中进行焦化，最终将炭黑色的木板安装在建筑体量上。虽然教堂规模很小，但其采用的手工建筑方法需要大量学习，此外还需要学习传统建筑技巧。建筑过程中会遇到大量的调整工作，并需要基于传统设计新的解决方案。而为了寻求正确方法，来自不同领域的建筑者和设计师长时间的讨论和交流变得十分重要。

● 图5-12　黑色焦化木块形成的"披风"

● 图5-13　原木制成的"核心"部分

06

家具
设计

6.1 家具的概念

广义的家具是指人类维持正常生活、从事生产实践和开展社会活动必不可少的一类器具。狭义家具是指在生活、工作或社会实践中供人们坐、卧或支撑与贮存物品的一类器具。

家具是由材料、结构、外观形式和功能四个部分组成，其中功能是先导，是推动家具发展的动力；结构是主干，是实现功能的基础。这四个部分互相联系，又互相制约。由于家具是为了满足人们一定的物质需求和使用目的而设计与制作的，因此家具还具有功能和外观形式方面的因素。

6.2 家具与环艺设计

6.2.1 家具与建筑设计

家具的发展和建筑的发展一直是并行的关系，在漫长的历史发展中，无论是东方还是西方，建筑样式和风格的演变一直影响着家具样式和风格。如欧洲中世纪哥特式教堂建筑的兴起就同样有刚直、挺拔的哥特式家具与建筑形象相呼应。中国明代园林建筑的繁荣就有了精美绝伦的明式家具相配套。现代国际主义建筑风格的流行同样产生了国际主义风格的现代家具。所以，它的发展与建筑有着一脉相承和密不可分的血缘关系，这种学科上的整体关系在西方一直是家具风格发展的主流，特别是现代建筑和现代家具在西方的同步发展，产生了一代代的现代设计大师和家具设计大师，建筑与家具的成就交相辉映、群星灿烂。

19世纪末20世纪初英国最重要的建筑和家具设计师查尔斯·伦尼·麦金托什设计了一系列几何造型垂直风格的家具经典作品。高靠椅系列就是与他的简洁几何立体造型的垂直建筑风格高度统一的。

1917年荷兰风格派建筑师、出身木匠的里特维尔德（Gerrit Thomaos Rietveld，1888—1964）著名的设计作品、最早的抽象形态"红蓝椅"与立体空间建筑"什罗德住宅"，都是以立体派的视觉语言和风格派的表现手法将风格派绘画平面艺术转向三维空间，成为建筑史和家具史的典范作品。

20世纪初至30年代国际主义风格的建筑大师密斯·凡·德·罗（Ludnig MiesVan

DerRohe）的"MR"轻巧、优雅的钢管椅，巴塞罗那椅与巴塞罗那世界博览会的德国馆的三维空间设计，椅子与建筑一样是代表他"少就是多"的设计思想的杰作。

芬兰建筑大师阿尔瓦·阿尔托把家具设计看成是"整体建筑的附件"，他采用蒸气弯曲木材技术而设计的一系列层压板曲木家具，具有强烈的有机功能主义特色，成为现代家具设计非常独特的经典作品，是他所追求的完美的有机形式建筑的一部分。阿尔托认为设计的个体与整体是互相联系的，椅子与墙面、墙面与建筑结构，都是不可分割的有机组成部分。而建筑是自然的一部分。从关系来讲，建筑必须服从环境，墙面必须服从建筑，椅子必须服从墙面。阿尔托通过自己对建筑和家具的设计，杰出地表现出了这种环境、建筑、家具的协调关系，阿尔托的设计思想对现代家具、现代建筑的贡献是巨大的，曾影响了一代设计师。

马谢·布鲁尔是包豪斯学院的第一批毕业生，是20世纪最杰出的建筑和家具设计大师。在包豪斯期间，他首创钢管家具的设计，并设计了一系列夹板弯曲成形的家具，为现代家具工艺奠定了非常重要的基础。布鲁尔的思想和设计哲学影响了整整一代的美国和世界的建筑师与设计师。著名美籍华人建筑大师贝聿铭特别强调他受到了布鲁尔的很大影响。

现代国际主义建筑大师埃罗·沙里宁是芬兰著名建筑大师埃利尔·沙里宁的儿子，曾在父亲创办的美国著名设计学院——克兰布鲁克艺术学院（Cranbrook Academy of Art）学习。这个学院把欧洲的现代主义设计思想和体系有计划地引入美国高等教育体系，重视设计观念的形成，重视功能问题的解决，学院的重点是建筑和家具设计。受到这个教育思想的影响，埃罗·沙里宁成为美国新一代有机功能主义的建筑和家具设计大师。他设计的美国杰斐逊国家纪念碑、纽约肯尼迪国际机场、美国杜勒斯国际机场，都成为有机功能主义里程碑式的代表建筑。同样，他在"有机家具"设计方面也非常突出，"马铃薯片"椅子（"Potato" Chair）、"子宫"椅子（"Womb" Chair）、"郁金香"椅子（"Pedestal" Chair）都是20世纪50年代至60年代最杰出的家具作品（图6-1、图6-2）。通过这些椅子的设计，沙里宁把有机形式和现代功能结合起来，开创了有机现代主义设计的新途径。20世纪澳大利亚著名建筑悉尼歌剧院的设计方案就是沙里宁担任国际评委时，从废弃的方案中发现挖掘出来的。

第二次世界大战后以设计立国的意大利，拥有世界上最好的设计和最优秀的设计师，但是，意大利却没有一所专门的设计学院，大部分设计师毕业于建筑学院的建筑学专业，甚至意大利的时装设计师都要有建筑文凭。同一个设计师既可以设计一幢大厦，又可以设计一件家具，从法拉利跑车到空心粉式样，从城市到勺子。意大利著名建筑师和设计师吉奥·庞蒂（Gio Ponti）认为，意大利的一半是天主创造的，另一半是建筑师创造的。"天主创造平原、山谷、湖泊、河流和天空，但大教堂的轮廓、正立面、教堂和钟楼的造型是由建筑师设计的，

●图6-1 "子宫"椅子

●图6-2 "郁金香"椅子

在威尼斯，天主仅仅创造了水和天空，其余都是建筑师所创造的"。所以，意大利的家具设计一直走在世界设计的前沿，每年的米兰家具博览会就是家具世界的奥林匹克竞技大会。意大利设计师对家具设计蕴涵着一种把建筑、美学、技术和对人类社会的关系融为一体的思想，正是这些出身于建筑师的意大利设计师为全世界创造了具有魅力的意大利现代家具。

综上所述，建筑与家具的关系是非常紧密的，优秀的家具总是与优秀的建筑相互辉映。所以，当代中国的家具设计要重视建筑与家具的学科整体关系，反思为什么从明清以后中国的家具发展停滞不前，沉寂近大半个世纪，并与世界现代家具的发展水平距离甚远。建筑与家具的分离应该是其中的一个非常值得重视和分析的主要原因之一。21世纪中国要奋起直追西方现代家具工业的发展步伐，重新崛起成为世界家具强国，必须从根本上去科学地构建整个中国的现代家具专业教育体系和家具专业人才培养模式，而真正培养与国际接轨的现代家具设计师则是当代中国高等教育工作者的历史使命和神圣责任。要重新审视家具与建筑的整体环境关系，家具始终是人类与建筑空间的一个中介物：人—家具—建筑。建筑是人造空间，是人从动物界进化发展出来的最重要、决定性的一步，家具的每一次演变，都与人类生活方式的改变息息相关。家具是人类在建筑空间和环境中再一次创造文明空间的精巧努力，这种文明空间的创造是人类改变生存姿势和生活方式的一种设计创造与技术创造的行为。人类不能直接利用建筑空间，需要通过家具把建筑空间转变为家，所以家具设计是建筑环境与室内设计的重要组成部分。

6.2.2 家具与室内设计

6.2.2.1 家具在建筑室内环境中的地位

家具是构成建筑室内空间的使用功能和视觉美感的第一至关重要的因素。尤其是在科学技术高速发展的今天，由于现代建筑设计和结构技术都有了很大的进步，建筑学的学科内涵有了很大的发展，现代建筑环境艺术、室内设计与家具设计作为一个学科的分支逐渐从建筑学科中分离出来，形成几个新的专业。由于家具是建筑室内空间的主体，人类的工作、学习和生活在建筑空间中都是以家具来演绎和展开的，因此无论是生活空间、工作空间、公共空间的设计，还是建筑室内设计，都要把家具的设计与配套放在首位。家具是构成建筑室内设计风格的主体，应作为首要因素去设计，然后再进一步考虑天花、地面、墙、门、窗各个界面的设计，以及灯光、布艺、艺术品陈列与现代电器的配套设计，综合运用现代人体工学、现代美学、现代科技的知识，为人们创造一个功能合理、完美和谐的现代文明建筑室内空间。家具设计要与建筑室内设计相统一，家具的造型、尺度、色彩、材料、肌理要与建筑室内相适应，家具设计师要深入研究、学习建筑与室内设计专业的相关知识和基本概念。现代家具设计从19世纪欧洲工业革命开始就逐步脱离了传统的手工艺概念，形成一个跨越现代建筑设计、现代室内设计、现代工业设计的现代家具新概念。

6.2.2.2 组织空间的作用

建筑室内为家具的设计、陈设提供了一个限定的空间，家具设计就是在这个限定的空间中，以人为本，去合理组织安排室内空间的设计。在建筑室内空间中，人从事的工作、生活方式是多样的，不同的家具组合，可以组成不同的空间。如沙发、茶几（有时加上灯饰）与组合声像柜组成起居、娱乐、会客、休闲的空间；餐桌、餐椅、酒柜组成餐饮空间；整体化、标准化的现代厨房组合成备餐、烹调空间；电脑工作台、书桌、书柜、书架组合成书房、家庭工作室空间；会议桌、会议椅组成会议空间；床、床头柜、大衣柜可以组合成卧室空间。随着信息时代的到来与智能化建筑的出现，现代家具设计师对不同建筑空间概念的研究将是不断创造新的家具和新的设计时空（图6-3）。

6.2.2.3 分隔空间的作用

在现代建筑中，由于框架结构的建筑越来越普及，建筑的内部空间越来越大、越来越通透，无论是现代的大空间办公室、公共建筑，还是家庭居住空间，墙的空间隔断作用越来越多地被隔断家具所替代，既满足了使用的功能，又增加了使用的面积。如整面墙的大衣柜、书架，各种通透的隔断与屏风，大空间办公室的现代办公家具组合屏风与护围，组成互不干扰又互相连通的具有写字、电脑操作、文件贮藏、信息传递等多功能的办公单元。家具取代墙在建筑室内分隔空间，特别是在室内空间造型上大大提高了室内空间的利用率，丰富了建筑室内空间的造型（图6-4）。

●图6-3　希腊Rhodos餐厅设计

●图6-4　Hair Stylist美发沙龙空间设计

6.2.2.4　填补空间的作用

在空间的构成中，家具的大小、位置成为构图的重要因素，如果布置不当，会出现轻重不均的现象。因此，当室内家具布置存在不平衡时，可以应用一些辅助家具，如柜、几、架等设置于空缺的位置或恰当的壁面上，使室内空间布局取得均衡与稳定的效果。

另外，在空间组合中，经常会出现一些尺度低矮的尖角，难以正常使用的空间，布置合适的家具后，这些无用或难用的空间就变得有用起来。如坡屋顶住宅中的屋顶空间，其边沿是低矮的空间，我们可以布置床或沙发来填补这个空间，因为这些家具为人们提供低矮活动的可能性，而有些家具填补空间后则可作为贮物之用（图6-5）。

●图6-5 将楼梯间的空间打造成书架

6.2.2.5 创造空间氛围

作为室内空间的设计主体，家具无论在空间体系，还是造型、色彩的艺术倾向上都对创造整体空间的效果起着决定性的影响。通过家具的艺术形象表达室内空间设计的思想、风格、情调是从古至今常用的设计手法。不只是传统家具，现代风格家具也已经成为某些文化理念的符号。

6.2.2.6 间接扩大空间的作用

用家具扩大空间是以它的多用途和叠合空间的使用及贮藏性来实现的，特别是在小户型家居空间中，家具起的扩大空间的作用是十分有效的。间接扩大空间的方式有以下3种。

（1）壁柜、壁架方式

固定式的壁柜、吊柜、壁架家具可利用过道、门廊上部或楼梯底部、墙角等闲置空间，从而将各种杂物有条不紊地贮藏起来，起到扩大空间的作用。

（2）多功能家具和折叠式家具

能将许多本来平行使用的空间加以叠合使用，如组合家具中的翻板书桌、组合橱柜中的翻板床、多用沙发、折叠椅等。它们可以使同一空间在不同时间作多种使用（图6-6）。

●图6-6　翻板床

●图6-7　嵌入式衣柜

（3）嵌入墙内的壁式柜架

由于其内凹的柜面，使人的视觉空间得以延伸，起到扩大空间的效果（图6-7）。

6.2.2.7　调节室内环境的色彩

室内环境的色彩是由构成室内环境的各个元素的材料固有颜色所共同组成的，其中包括家具本身的固有色彩。由于家具的陈设作用，家具的色彩在整个室内环境中具有举足轻重的作用。在室内色彩设计中，我们用得较多的设计原则是"大调和、小对比"，其中，小对比的设计手法，往往就落在家具和陈设上。如在一个色调沉稳的客厅中，一组色调明亮的沙发会带来精神振奋和吸引视线，从而形成视觉中心的作用；在色彩明亮的客厅中，几个彩度鲜艳、明度深沉的靠垫会造成一种力度感的气氛。另外，在室内设计中，经常以家具织物的调配来构成室内色彩的调和或对比调子。

无论是我们经常去的Costa、星巴克等连锁咖啡店，还是坐落于世界各个角落的特色咖啡店。咖啡豆一般的深色系装饰风格已然成为常态。我们或许已习惯了在厚重质感的包围中，喝下一杯杯香醇的咖啡。不过，打造Voyager Espresso的这群人显然不信"邪"。这家位于纽约的咖啡店一反常态地将冰冷的未来感作为设计方向，搭配极简的室内装饰营造出这样一个超现实空间。

眼前一"亮"的原因更多是因为这家店在光线上玩得肆无忌惮。坐落于地铁大厅的它

●图6-8　纽约咖啡店 Voyager Espresso

在采光方面本身毫无优势。基于此，银色墙面与冷色灯光的搭配就显得相得益彰，呈现出了一种科学实验室的既视感。不大的咖啡店分为两个区域，就餐区、点餐区，使用了基本相同的视觉风格，只在灯光上照顾了在此休息的顾客（图6-8）。

6.2.2.8　反映民族文化和营造特定的环境氛围

由于家具的艺术造型及风格带有强烈的地方性和民族性，因此在室内设计中，常常利用家具的这一特性来加强设计的民族传统文化的表现及特定环境氛围的营造。

在居家室内，则根据主人的爱好及文化修养来选用各具特色的家具，以获得现代的、古典的或民间充满自然情调的环境气氛（图6-9）。

6.2.2.9　陶冶人们的审美情趣

家具经过设计师的设计、工匠的精心制作，成为一件件实用的工艺品，它的艺术造型会渗透着流传至今的各种艺术流派及风格。人们根据自己的审美观点和爱好来挑选家具，但使人惊奇的是：人们会以群体的方式来认同各种家具式样和风格流派的艺术形式，其中有些人

● 图6-9　北京和合谷餐厅空间设计

●图6-10 涂鸦的墙壁和个性的艺术造型——Dynamic办公空间设计

是主动接受的，有些人是被动接受的，也就是说，人们在较长时间与一定风格的造型艺术接触下，受到感染和熏陶后出现的品物修养，越看越爱看、越看越觉得美的情感油然而生。另外，在社会生活中，人们还有接受他人经验、信息媒介和随波逐流的消费心理，间接地产生艺术感染的渠道，出现先跟潮购买，后受陶冶而提高艺术修养的过程（图6-10）。

6.3 家具的分类

由于现代家具的材料、结构、使用场合、使用功能的日益多样化，也导致了现代家具类型的多样化和造型风格的多元化，因此，很难用一种方法将现代家具进行分类。在这里，仅从常见的使用和设计角度来对现代家具进行分类，作为了解现代家具设计的基础知识之一。

6.3.1 按使用功能分类

这种分类方法是根据家具与人体的关系和使用特点，按照人体工程学的原理进行分类的，是一种科学的分类方法。

6.3.1.1 坐卧类家具

坐卧类家具是家具中最古老、最基本的类型。家具在历史上经历了由早期席地跪坐的矮型家具，到中期的重足而坐的高型家具的演变过程，这是人类告别动物的基本习惯和生存姿势的一种文明创造的行为，这也是家具最基本的哲学内涵。

坐卧类家具是与人体接触面最多，使用时间最长，使用功能最多、最广的基本家具类型，造型式样也最多、最丰富。坐卧类家具按照使用功能的不同，可分为椅凳类、沙发类、床榻类三大类（图6-11）。

●图6-11 坐卧类家具

6.3.1.2 凭倚类家具

凭倚类家具是指家具结构的一部分与人体有关，另一部分与物体有关，主要供人们依凭和伏案工作，同时也兼具收纳物品功能的家具。它主要包括以下两类。

（1）桌台类

它是与人类工作方式、学习方式、生活方式直接发生关系的家具，其高低宽窄的造型必须与坐卧类家具配套设计，具有一定的尺寸要求，如写字台、抽屉桌、会议桌、课桌、餐台、试验台、电脑桌、游戏桌等（图6-12）。

（2）几类

与桌台类家具相比，几类一般较矮，常见的有茶几、条几、花几、炕几等。几类家具发展到现代，茶几成为其中最重要的种类。由于沙发家具在现代家具中的重要地位，

●图6-12 桌台类家具

●图6-13　茶几

茶几随之成为现代家具设计中的一个亮点。由于茶几日益成为客厅、大堂、接待室等建筑室内开放空间的视觉焦点家具，今日的茶几设计正在以传统的实用配角家具变成集观赏、装饰于一体的陈设家具，成为一类独特的具有艺术雕塑美感形式的视觉焦点家具。在材质方面，除传统的木材外，玻璃、金属、石材、竹藤的综合运用使现代茶几的造型与风格千变万化、异彩纷呈（图6-13）。

6.3.1.3　收纳类家具

收纳类家具是用来陈放衣服、棉被、书籍、食品、用具或展示装饰品等的家具，主要是处理物品与物品之间的关系，其次才是人与物品的关系，即满足人在使用时的便捷性，在设计上必须在适应人体活动的一定范围内来制定尺寸和造型。此类家具通常以收纳物品的类型和使用的空间冠名，如衣柜、床头柜、橱柜、书柜、装饰柜、文件柜等。在早期的家具发展中，箱类家具也属于这类，由于建筑空间和人类生活方式的变化，箱类家具正逐步从现代家具中消亡，其贮藏功能被柜类家具所取代。

●图6-14　书橱

收纳类家具在造型上分为封闭式、开放式、综合式3种形式，在类型上分为固定式和移动式两种基本类型。法国建筑大师与家具设计大师勒·柯布西耶早在20世纪30年代就将橱柜家具固定在墙内，美国建筑大师赖特也以整体设计的概念，将贮藏家具设计成建筑的结合部分，可以视为现代贮藏家具设计的典范。如图6-14所示为书橱。

6.3.1.4　装饰类家具

屏风与隔断柜是特别富于装饰性的间隔家具，尤其是中国的传统明清家具，屏风、博古架更是独树一帜，以其精巧的工艺和雅致的造型，使建筑室内空间更加丰富通透，空间的分隔和组织更加多样化。

●图6-15　屏风

屏风与隔断对于现代建筑强调开敞性或多元空间的室内设计来说，兼具有分隔空间和丰富变化空间的作用。随着现代新材料、新工艺的不断出现，屏风或隔断已经从传统的绘画、工艺、雕屏发展为标准化部件组装、金属、玻璃、塑料、人造板材制造的现代屏风，创造出独特的视觉效果（图6-15）。

●图6-16　客厅家具

6.3.2　按建筑环境分类

人们在各种活动中，形成了多种典型的对建筑空间功能类型化的要求，家具就为满足人类活动过程中所处某一建筑空间的此类功能需要而被设计、使用。以此我们可以根据不同的建筑环境和使用需求对家具进行分类，将其分为住宅建筑家具和公共建筑家具、户外家具3大类。

●图6-17　　酒店家具

●图6-18　　庭院家具

●图6-19　　街道家具

（1）住宅建筑家具

住宅建筑家具也就是指民用家具，是人类日常基本生活中离不开的家具，也是类型多、品种复杂、式样丰富的基本家具类型。按照现代住宅建筑的不同空间划分，可分为客厅与起居室、门厅与玄关、书房与工作室、儿童房与卧室、厨房与餐厅、卫生间与浴室家具等。如图6-16所示为客厅家具。

（2）公共建筑家具

相对于住宅建筑，公共建筑是一个系统的建筑空间与环境空间，公共建筑的家具设计多根据建筑的功能和社会活动的内容而定，具有专业性强、类型较少、数量较大的特点。公共建筑家具在类型上主要有办公家具、酒店家具（图6-17）、商业展示家具、学校家具等。

（3）户外家具

随着当代人们环境意识的觉醒和强化，环境艺术、城市景观设计日益被人们重视，建筑设计师、室内设计师、家具设计师、产品设计师和美术家正在把精力从室内转向室外，转向城市公共环境空间，从而创造出一个更适宜人类生活的公共环境空间。于是，在城市广场、公园、人行道、林荫路上，将设计和配备越来越多的供人们休闲的室外家具；同时，护栏、花架、垃圾桶、候车厅、指示牌、电话亭等室外建筑与家具设施也越来越多受到城市管理部门和设计界的重视，成为城市环境景观艺术的重要组成部分。我们大致可以将户外家具分为庭院家具和街道家具两类（图

6-18、图6-19）。

6.3.3 按制作材料分类

把家具按材料与工艺分类，主要是便于我们掌握不同的材料特点与工艺构造。现代家具已经日益趋向于多种材质的组合，传统意义上的单一材质家具已经日益减少。在工艺结构上也正在走向标准化、部件化的生产工艺，早已突破传统的榫卯框架工艺结构，开辟了现代家具全新的工艺技术与结构形式。因此，在家具分类中仅仅是按照一件家具的主要材料与工艺来分，便于学习和理解。

（1）木质家具

古今中外的家具用材均以木材和木质材料为主。木质家具主要包括实木家具和木质材料家具，前者是对原木材料实体进行加工；后者是对木质进行二次加工成材，如以胶合板、刨花板、中密度纤维板、细木工板等人造板材为基材，对表面进行油漆、贴面处理而成的家具，相对于实木，在科技与工艺支持下，人造板材可以赋予家具一些特别的形态（图6-20）。

（2）金属家具

金属家具是指完全由金属材料制作或以金属管材、板材或线材等作为主构件，辅以木材、人造板、玻璃、塑料等制成的家具。金属家具可分为纯金属家具、与木质材料搭配的金属家具、与塑料搭配的金属家具、与布艺皮革搭配的金属家具及与竹藤材搭配的金属家具等。金属材料与其他材料的巧妙结合，可以提高家具的性能，增强家具的现代感（图6-21）。

（3）塑料家具

一种新材料的出现对家具的设计与制造能产生重大和深远的影响，例如，轧钢、铝合金、镀铬、塑料、胶合板、层积木等。毫无疑问，塑料是20世纪对家具设计和造型影响最大的材料之一。塑料制成的家具具有天然材料家具无法代替的优点，尤其是整体成型自成一体，色彩丰富，防水防锈，成为公共建筑、室外家具的首选材料。塑料家具除了整体成型外，还可制成家具部件与金属、材料、玻璃等配合组装成家具（图6-22）。

（4）软体家具

软体家具在传统工艺上是指以弹簧、填充料为主，在现代工艺上还包括泡沫塑料成型以及充气成型的具有柔软舒适性能的家具，如沙发、软质座椅、坐垫、床垫、床榻等。这是一种应用很广的普及型家具（图6-23）。

●图6-20　木质座椅

●图6-21　金属家具

●图6-22　塑料家具

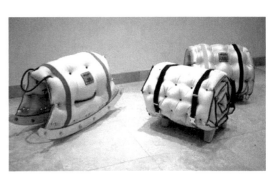

●图6-23　充气沙发

●图6-24　玻璃家具

●图6-25　石材家具

（5）玻璃家具

玻璃家具一般采用高硬度的强化玻璃和金属框架，玻璃的透明清晰度高出普通玻璃的 4 ~ 5倍。高硬度强化玻璃坚固耐用，能承受常规的磕、碰、击、压的力度，完全能承受和木质家具一样的重量。

用20mm甚至25mm厚的高明度车前玻璃做成的家具是现代家具装饰业正在开辟的新领地。高硬度强化玻璃坚固耐用，能承受常规的磕、碰、击、压的力度，将逐渐打消消费者以往的顾虑，而更被这种由高科技工艺与新颖建材结合而成的新潮家具所演绎出的一派现代生活的浪漫与文化品位所深深吸引。玻璃家具的常用常新也是受到青睐的一个重要因素（图6-24）。

（6）石材家具

家具使用的石材有天然石和人造石两种。全石材家具在室内环境中用得很少，石材在家具中多用于全台面等局部，如茶几的台面和橱柜的台面等。要么起到防水与耐磨的作用，要么形成不同材质的对比（图6-25）。

6.4 家具的布置

不同的家具布置手法会给人的使用、视觉、心理造成不同影响，因此家具的布置原则中，也可以从功能、视觉、心理感受这几方面入手。首先是从人员的活动习惯和空间功能的角度着手，制订出实用的流线，用家具划分空间，围合出合理的停留走动区域。其次考虑家具之间在尺度、材质、色彩等方面的对比、统一、均衡关系所产生的视觉形象。最后从心理角度出发，利用家具的高度、色彩等形成一定的限定关系，来营造出亲切或压抑、放松或拘谨等空间效果。在确定大布局后，再在一些"小"位置处摆放辅助家具，以提高空间利用率和使用舒适度。

家具摆放的常见方式有以下几种。

（1）周边式

家具沿四周墙体布置，留出中间区域，如图6-26所示。

（2）中心式

将家具布置在空间中心位置，留出周边区域，如图6-27所示。

（3）单边式

家具集中放于一侧，留出另一侧的空间。

（4）走道式

家具布置在室内两侧，留出中间走道。

●图6-26　书房设计

●图6-27　Boodle Hatfield 律师事务所伦敦办公室设计

07

陈设
设计

空间的功能和价值也常常需要通过陈设品来体现。室内陈设或称摆设，是继家具之后的又一室内重要内容。陈设品的范围非常广泛，内容极其丰富，形式也多种多样，随着时代的发展而不断变化。但是作为陈设的基本目的和深刻意义，始终是以其表达一定的思想内涵和精神文化方面为着眼点，并起着其他物质功能所无法代替的作用。它对室内空间形象的塑造、气氛的表达、环境的渲染起着锦上添花、画龙点睛的作用，也是具有完整的室内空间所必不可少的内容。

同时，也应指出，陈设品的展示也不是孤立的，必须和室内其他物件相互协调和配合。此外，陈设品在室内的比例中毕竟是不大的，因此为了发挥陈设品所应有的作用，陈设品必须具有视觉上的吸引力和心理上的感染力。也就是说，陈设品应该是一种既有观赏价值又能供人品味的艺术品。

7.1 陈设的作用

（1）改善空间形态

在空间中利用家具、地毯、雕塑、植物、景墙、水体等创造出次级空间，使其使用功能更合理，层次感更强。这种划分方式是从视觉和心理情感上划分了空间，形成了领域感，也就是情感上的归属感。

（2）柔化室内空间

现代城市中钢筋混凝土建筑群的耸立使头顶的蓝天变得越来越狭小、冷硬、沉闷，使人愈发不能喘息，人们强烈地寻求自然的柔和。陈设艺术以其独特的质感，象征性地帮助人寻找失去的自然。

（3）烘托室内氛围

恰当的室内陈设，将给房间带来不一样的氛围，或优美、或幽静、或文艺、或热烈，彰显主人不同的品位。

（4）强化室内风格

合理的陈设设计对空间环境风格起着强化作用，利用陈设的造型、色彩、图案、质感等特性进一步加强环境的风格化。

（5）调节环境色调

室内陈设色彩与空间的搭配，既要满足审美的需要，又要充分运用色彩美学原理来调节空间的色调，这对人们的生理和心理健康有着积极的影响。

（6）体现地域特色

各民族其内在的心理特征与习惯、爱好等都会有所差异，这一点在陈设艺术设计时应予以重视。可以说，地方的文化、风俗和历史文脉在陈设品上一览无遗。

（7）表达个性爱好

在如今这个彰显自我意识、提倡多元文化的年代，陈设也与时俱进地发生变化。陈设的种类越多，展现方式则越丰富，在表述的心态上也更自然、轻松和随意。

7.2 常用的陈设器具

7.2.1 字画

字画在居室装饰中，是不可缺少的点缀品（图7-1）。它不仅可以美化房间，而且反映出主人的文化品位。如何使书画与居室格调相配？这很简单，只需根据作品调换合适的墙布即可。当然，若是一幅名家大师的原作是值得如此花费的，而一般家庭作为壁上装饰的字画及花草、瓷盘等，主要是起补空作用，就不必如此费事了。不过，从另一方面说明了一个问题，那就是首先要选择与墙壁颜色相配的书画。

① 根据房间的主色调选择画的颜色：根据统一或对比的需要，我们可以选择类似色或对比色的画幅相配。如感到居室这一端的色调统一有余，需要来一点活泼感，不妨选择色彩明快、对比强烈的现代画或与墙面颜色对比明显的画色，也就是与墙色呈互补关系。

中国字画以浓淡干湿的墨色形成自己高雅、隽永的独特风格，其装裱形式非常独特，常常是装轴悬挂，这就要求布置者有较高的艺术素养。如果在不协调的环境下悬挂中国字画，非但效果差，而且显得别扭、不和谐。

② 根据装修的风格选择画的内容：选什么样的画都要与室内的气氛相协调，不然反而破坏了整体环境。居室装修如果是古典风格的，就要选择具象些的画；现代风格的装修要选择抽象些的画。目前居室装修风格主要为现代欧式（明朗、简约）、美式现代（融合古典现代元

素、华丽气派）及中式风格。

在张挂字画前，应首先考虑以下问题：

第一，在哪个位置张挂？挂几幅？

第二，利用什么构图方案？平行垂直？还是水平方向？

第三，选择什么主题？

第四，用什么画框相配？是否和其他家具陈设或室内色彩协调？

字画的尺寸和形状与它所占墙面及靠墙摆放的家具有关。如墙面较空时，可悬挂一幅尺寸较大的字画或一组排列有序的小尺寸字画。如将字画张挂在床头或沙发上方，应挂得稍低一些。一般字画悬挂高度在视觉水平线上较为适宜，约为1.7m。在墙上设置一组字画往往比只一幅字画效果要好。如一组字画中尺寸有大小之分，那应以大的为中心，其他几幅小画围绕中心悬挂。如几幅字画的形状尺寸相同，可采用对称式布置。

●图7-1　字画

7.2.2 灯具

灯具按安装方式一般可分为嵌顶灯、吸顶灯、吊灯、壁灯、活动灯具、建筑照明6种。按光源可分为白炽灯、荧光灯、高压气体放电灯3类。按使用场所可分为民用灯、建筑灯、工矿灯、车用灯、船用灯、舞台灯等。按配光方式可分为直接照明型、半直接照明型、全漫射式照明型和间接照明型等。各种具体场所灯具的选择方法如下。

（1）客厅

如果房间较高，宜用三叉至五叉的白炽吊灯，或一个较大的圆形吊灯，这样可使客厅显得空间感强。但不宜用全部向下配光的吊灯，而应使上部空间也有一定的亮度，以缩小上下空间亮度差别。客厅空间的立灯、台灯就以装饰为主，它们是搭配各个空间的辅助光源，为了与空间协调搭配，造型太奇特的灯具不适宜使用。

如果房间较低，可用吸顶灯加落地灯，这样，客厅便显得温馨，具有时代感。落地灯配在沙发旁边，沙发侧面茶几上再配以装饰性台灯，或在附近墙上安置较低壁灯。这样不仅看书时有局部照明，而且在会客交谈时还增添了亲切和谐的气氛。

（2）书房

书房的台灯的选型应适应工作性质和学习需要，宜选用带反射罩、下部开口的直射台灯，也就是工作台灯或书写台灯，台灯的光源常用白炽灯、荧光灯。

白炽灯显色指数比荧光灯高，而荧光灯发光效率比白炽灯高，它们各有优点，可按个人需要或对灯具造型式样的爱好来选择。

（3）卧室

卧室一般不需要很强的光线，在颜色上最好选用柔和和温暖的色调，这样有助于烘托出舒适温馨的氛围，可用壁灯、落地灯来代替室内中央的主灯。壁灯宜用表面亮度低的漫射材料灯罩。这样可以使卧室显得柔和，利于休息。床头柜上可用子母台灯，大灯用作阅读照明，小灯供夜间起床用。

另外，还可在床头柜下或低矮处安装上脚灯，以免起夜时受强光刺激。

（4）卫生间

卫生间宜用壁灯，这样可避免蒸汽凝结在灯具上，造成照明影响和腐蚀灯具。

（5）餐厅

餐厅的灯罩宜用外表光洁的玻璃、塑料或金属材料，以便随时擦洗。也可用落地灯照明，在附近墙上还可适当配置暖色壁灯，这样会使宴请客人时气氛更加热烈，能增进食欲。

（6）厨房

厨房的灯具要安装在能避开蒸汽和烟尘的地方，宜用玻璃或搪瓷灯罩，便于擦洗又耐腐蚀。

追求时尚的家庭，可以在玄关、餐厅、书柜处安置几盏射灯，不但能突出这些局部的特殊装饰效果，还能显出别样的情调。要根据自己的艺术情趣和居室条件选择灯具。一般家庭可以在客厅中多采用一些时髦的灯具，如三叉吊灯、花饰壁灯、多节旋转落地灯等。

住房比较紧张的家庭不宜装过于时髦的灯具，以免增加拥挤感。低于2.8m层高的房间也不宜装吊灯，只能装吸顶灯才能使房间显得高些。

　　灯具的色彩要服从整个房间的色彩。为了不破坏房间的整体色彩设计，一定要注意灯具的灯罩，外壳的颜色应与墙面、家具、窗帘的色彩相协调。如图7-2所示为卧室灯具。

7.2.3 摄影作品

　　摄影作品是一种纯艺术品，和绘画的不同之处在于摄影只能是写实的和逼真的。少数摄影作品经过特技拍摄和艺术加工，也有绘画效果，因此摄影作品的一般陈设要求和绘画作品基本相同。而巨幅摄影作品常作为室内扩大空间感的界面装饰，意义已有所不同。摄影作品制成灯箱广告，这是不同于绘画的特点。

　　由于摄影能真实地反映当地当时所发生的情景，因此某些重要的历史性事件和人物写照，常成为值得纪念的珍贵文物。因此，它既是摄影作品又是纪念品（图7-3）。

7.2.4 雕塑

（1）室内雕塑

●图7-2　卧室灯具

●图7-3　摄影作品

　　塑、钢塑、泥塑、竹雕、石雕、晶雕、木雕、玉雕、根雕等是我国传统工艺品，题材广泛，内容丰富，巨细不等，流传于民间和宫廷，是常见的室内摆设。有些已是历史珍品。现代雕塑的形式更多，有石膏、合金等。雕塑有玩赏性和偶像性（如人、神塑像）之分，它反映了个人情趣、爱好、审美观念、宗教意识和崇拜偶像等。它属三度空间，栩栩如生，其感染力常胜于绘画的力量。雕塑的表现还取决于光照、背景的衬托以及视觉方向（图7-4）。

●图7-4 根塑——基辅富有质感品位的公寓设计

（2）城市公共雕塑

雕塑，指为美化城市或用于纪念意义而雕刻塑造、具有一定寓意、象征或象形的观赏物和纪念物。

雕塑的产生和发展与人类的生产活动紧密相关，同时又受到各个时代宗教、哲学等社会意识形态的直接影响。在人类还处于旧石器时代时，就出现了原始石雕、骨雕等。现在，随着经济的发展和国民生活水平的提高，现代雕塑在城市公共艺术中发挥着越来越重要的作用。现代雕塑不仅可以美化城市环境，增强城市的个性，而且可以实现资源的优化配置，使社会人文与生态自然更好地结合在一起。

现代雕塑在城市公共艺术中的作用有以下3个方面。

① 宣扬城市历史文化　质量的城市雕塑建筑能良好地凸显出城市的历史文化，让人们在视觉上更好地接触到城市所具有的特有文化，增强城市的特殊性。在北京就有大量的雕塑作品，记载着华夏五千年的历史和各个王朝的兴衰与更替，更好地突出了北京的历史文化底蕴。在西安也有许多体现着历史文化的城市雕塑、例如大雁塔群雕、永乐宫群雕等，都很好地体现出不同历史时期的特有文化。

② 记录城市发展轨迹　雕塑作品作为一种较为固定的艺术形式，在较长的时间内能够实现完好保存。好的雕塑作品通过对城市发展不同时期的深入了解，更好地通过传达出特定时期的历史文化，记录好城市发展的历史底蕴，有效地把握好城市的历史渊源，增强城市的文化底蕴，提高城市的形象，增强城市的不可复制性。例如，在西安有烈士陵园群雕，记录了华夏儿女浴血奋战、保卫国家完整的抗日史。通过现代雕塑作品记录城市发展的轨迹，可以更好地增强人们对该城市的理解。

③ 提升城市整体形象　现代雕塑在城市公共艺术中有不同的类型，通过不同类型雕塑作品之间的相互配合，增强城市的整体形象，将城市的历史发展与现代都市更好地结合，更好地装饰城市，优化城市环境，提升城市的整体形象。

雕塑是一种相对永久性的艺术，传统的观念认为雕塑是静态的、可视的、可触的三维物体，通过雕塑诉诸视觉的空间形象来反映现实，因而被认为是最典型的造型艺术、静态艺术和空间艺术。城市空间环境中雕塑设计的基本原则有以下4点。

① 整体性原则　这是城市空间环境构成中最为主要的设计原则。具体说就是在城市空间环境确定设置雕塑之前，从整体空间环境出发来考虑它与周围的关系，如环境的空间形态、空间的比例尺度、空间的属性、环境周围建筑物的风格等因素，确定雕塑的形体大小、风格、表现手法、制作材料等。

② 关联性原则　客观世界是一个相互联系的整体。因此，空间构成的关联性原则是客观辩证法普遍联系法则的具体运用。空间环境中的任何一物体，都不是孤立存在的，而是相互联系、相互作用的。

③ 层次性原则　空间构成的物体具有一定的层次性。空间环境中的物体必须是按主次关系进行组合的，有一定的主次关系。在城市雕塑的空间设计中，突出主要物体，充分发挥其相对的独立性，形成中心，从而体现出整体构成的最佳视觉效果。

④ 对比性原则　这个原则主要是在空间构成设计中为了避免特征重复而设立的，雕塑作品与空间构成中的任何物体都要有一定的差异性，避免呆板、机械地重复。在主要方面统一的前提下，突出个性化特征。通过大小对比、高低对比、材质对比及色调的冷暖对比等，在体现整体统一的环境中设置雕塑作品。

●图7-5　5t塑料垃圾打造成的鲸鱼雕塑

●图7-6　《郁金香花束》

如图7-5所示，来自纽约布鲁克林的建筑设计公司StudioKCA用从海洋中打捞起来的

5t塑料垃圾，打造了一个38ft（约11.6m）高的巨型鲸鱼"摩天大楼"（Skyscraper），将其安置在比利时布鲁日的运河中，作为布鲁日艺术与建筑三年展Bruges Triennial的一部分。据估计，现在的海洋中存在着1.5亿吨的垃圾，而这座鲸鱼雕塑就是为了提醒人们关注这一海洋环境状况。

再如图7-6所示，杰夫·昆斯（Jeff Koons）是国际公认的最重要、最具影响力的美国艺术家之一，他最有影响力的正是公共雕塑，他的大胆和快乐的户外作品影响了世界各地的观众。2016年杰夫·昆斯为巴黎和法国人民设计了作为友爱象征的《郁金香花束》（Bouquet of Tulips），作品造型是一只手从地上伸出来，手里拿着一束色彩鲜艳的郁金香，用来纪念在2015年法国城市恐怖袭击中丧失的生命。

随着科学技术的发展和人们观念的改变，在现代艺术中出现了反传统的四维雕塑、五维雕塑、声光雕塑、动态雕塑和软雕塑等。

帕克索斯(Paxos或Paxoi）是希腊亚得里亚海的一个岛屿。图7-7所示的是一个以这个岛屿命名并发起的艺术装置和表演项目，旨在突出岛屿精神并支持年轻艺术家的工作。设计师在400年的废墟中创建了这个立体的干预图像，大型场地营造出的特色作品和立面壁画，借用现场发现全新的美学元素，将空间转换为框架，用于展示抽象创作并挑战观众的感知。在一系列织物层中使用染色或喷涂的方式创建光线和视点相互作用的效果并使用建筑结构来强调其创作效果，就像数字抽象图像以某种方式转移到现实世界中一样，同时采用不同色调和尺寸的层来创建深度和透视错觉在渐变中形成运动。

●图7-7　帕克索斯渐变艺术装置

如今各个城市、小区、花园中都有各种各样的雕塑存在，像那些漂亮的城市铜雕、人物铜雕，都可以起到很高的观赏价值。雕塑艺术在人们的生活中有着重要的作用，使人们懂得了如果去欣赏、如何去享受，雕塑本身就是人的精神体现、内心精神世界的媒介物，如今，的建筑和雕塑的结合不是简单拼凑而成，而是在共同组成的环境中相互补充。

城市空间环境中的雕塑设计应该因地而宜。想要创造一个舒适、愉快的雕塑空间环境，就必须在科学研究的基础上，运用合适的设计手法对雕塑空间环境进行设计，使雕塑空间环境满足人们的心理需要和行为需求。消除雕塑空间环境中不利因素的干扰，确立合理的空间尺度和空间形态，满足雕塑空间环境的需要

图7-8所示为Patrick Dougherty的森林雕塑。设计师Patrick Dougherty童年时期成长于北卡罗莱州的林地，这里有很多树木，他喜欢自己长大的地方，在冬天看着树木枝条就想象他们纠缠在一起形成的奇幻景象。当他在20世纪80年代转行从事雕塑时，选择了枝条这样与他命中有不解之缘的材料，宁静而自由地创作，把自己童年的"森林"延伸到世界各地。例如，他运用枫树、榆树、山茱萸等材料进行创作，偶尔使用海棠这样的材料，在日本他尝试过芦苇和竹子，在夏威夷尝试过番石榴。

Patrick Dougherty的常胜秘诀是保持幽默感。他认为艺术家要追随自己的内心和冲动，这样才能激发自己和别人，才能找到真正的惊喜。他只选择使用枝条进行创作，他熟知这些材料的属性，采用正确的创意方式，创作出无与伦比的作品，而且这些材料可以全部回收，是可持续的，对环境零污染。

●图7-8　Patrick Dougherty的森林雕塑

他的作品让人们意识到植物存在的重要性，并让人遐想，仿佛远离城市真切嗅到森林的气息。

图7-9所示为智利圣地亚哥Araucano公共公园公共装置，这件作品由三组高3.2m、厚25mm的立体镜面构造而成，映现出植被、山坡、流水装置的互动景观。这件作品坚守住位于城市一隅的幻觉角落。它与整个公园的环境、人群产生互动，其凸凹交错的镜面映像，会时常延展或伸缩周围环境的内在张力，将既有的空间、环境概念进行多维变换。

这件装置可容纳多样的文化活动，包括露天表演、舞台剧等，为城市的公共生活提供了崭新的空间，人群在其中自在游走的时候，似乎能够感受到有一种难以预知的、奇妙的幻觉萦绕其中，并会自发地去探索这些凹凸镜像所带来的延展性形式意蕴，整个交互的过程充满着期待与未知。

●图7-9　智利圣地亚哥Araucano
　　公共公园公共装置

7.2.5 盆景

盆景在我国有着悠久的历史，是植物观赏的集中代表，被称为有生命的绿色雕塑。盆景的种类和题材十分广阔，它像电影一样，既可表现特写镜头，如一棵树桩盆景，老根新芽，充分表现植物的刚健有力，苍老古朴，充满生机；又可表现壮阔的自然山河，如一盆精致的山水盆景，可表现崇山峻岭、湖光山色、亭台楼阁、小桥流水，千里江山，尽收眼底，可以得到神思卧游之乐（图7-10）。

●图7-10　盆景

7.2.6 工艺美术品、玩具

工艺美术品的种类和用材更为广泛，有竹、木、草、藤、石、泥、玻璃、塑料、陶瓷、金属、织物等。有些本来就是属于纯装饰性的物品，如挂毯。有些是将一般日用品进行艺术加工或变形而成的，旨在发挥其装饰作用和提高欣赏价值，而不在实用。这类物品常有地方特色以及传统手艺，如不能用以买菜的篮子，不能坐的飞机，常称为玩具（图7-11）。

●图7-11　铁皮玩具

7.2.7 个人收藏品和纪念品

●图7-12　瓷碗

个人的爱好既有共性，也有特殊性，家庭陈设的选择往往以个人的爱好为转移。不少人有收藏各种物品的爱好，如邮票、钱币、字画、金石、钟表、古玩、书籍、乐器、兵器以及各式各样的纪念品等，作为传世之宝，既有艺术品也有实用品。其收集领域之广阔，几乎无法予以规范。但正是这些反映不同爱好和个性的陈设，使不同家庭各具特色，极大地丰富了社会交往内容和生活情趣（图7-12）。

7.2.8 日用装饰品

日用装饰品是指日常用品中，具有一定观赏价值的物品，它和工艺品的区别是，日用装饰品主要还是在于其可用性。这些日用品的共同特点是造型美观、做工精细、品位高雅，在一定程度上，具有独立欣赏的价值。因此，不但不必收藏起来，而且还要放在醒目的地方去展示它们，如餐具，烟、酒、茶用具（图7-13）、植物容器、电视音响设备、日用化妆品、古代兵器、灯具等。

●图7-13　壶

7.2.9 织物

织物陈设，除少数作为纯艺术品外，如壁挂、挂毯等，大量作为日用品装饰，如窗帘、台布、桌布、床罩、靠垫、家具等蒙面材料。它的材质形色多样，具有吸声效果，使用灵活，便于更换，使用极为普遍。由于它在室内所占的面积比例很大，对室内效果影响极大，因此是一个不可忽视的重要陈设（图7-14）。

●图7-14　挂毯

7.3　陈设的布置位置

7.3.1 墙面陈设

墙面陈设一般以平面艺术为主，如书、画、摄影、浅浮雕（图7-15）等，或小型的立体饰物，如壁灯、弓、箭等。也常见将立体陈设品放在壁龛中，如花卉、雕塑等，并配以灯光照明，也可在墙面设置悬挑轻型搁架以存放陈设品。

●图7-15　浅浮雕

7.3.2 桌面摆设

　　桌面摆设包括不同类型，如办公桌、餐桌、茶几、会议桌、略低于桌高的靠墙或沿窗布置的贮藏柜和组合柜等。桌面摆设一般均选择小巧精致、宜于微观欣赏的材质制品，并可按时即兴灵活更换（图7-16）。

●图7-16　玻璃瓶

7.3.3 落地摆设

大型的装饰品，如雕塑、瓷瓶、绿化等，常落地布置，布置在大厅中央的常成为视觉的中心，最为引人注目；也可放置在厅室的角隅、墙边或出入口旁、走道尽端等位置，作为重点装饰，或起到视觉上的引导作用和对景作用（图7-17）。

● 图7-17 绿植

7.3.4 柜架陈设

数量大、品种多、形色多样的小陈设品，最宜采用分格分层的隔板、博古架，或特制的装饰柜架进行陈列展示，这样可以达到多而不繁、杂而不乱的效果（图7-18）。

7.3.5 悬挂陈设

空间高大的厅堂，常采用悬挂各种装饰品，如织物、绿化、抽象金属雕塑、吊灯等，弥补空间过于空旷的不足，并有一定的吸声或扩散的效果。居室也常利用角隅悬挂灯具、绿化或其他装饰品，既不占面积又装饰了枯燥的墙边角隅（图7-19）。

● 图7-18 置物架

● 图7-19 悬挂装饰

案例

七隆会馆藏式风格陈设设计

如图7-20所示，这是一个纯陈设设计的配置项目，项目分两层空间，一层为藏传文玩珠宝展示销售中心，二层为茶艺空间。

设计师最初接到这个项目时，硬装修已基本竣工，现场留下的场景为大面积青砖墙、中式圆拱、竹，是非常典型的中式茶空间，和藏传文玩珠宝展示风格完全不符。因为硬装的形体已无法更改，所以设计师从色彩入手，用陈设的手法去改变空间的氛围，灰色调青砖墙刷白，使用大面积红色、蓝色、绿色的布帘增加空间的藏文化氛围，家具部分全部导入原创设计定制的新藏式展示家具，挂画以藏族坛城艺术主题画品为主，增加原创藏式灯具，调整室内光环境，全系光源调整为2700K暖光。增加藏族饰品，把一层空间调性调整到藏民族文化空间的氛围风格中来，二层空间做了一个徘徊在新中式和藏文化元素之间的氛围感陈设配置。自然、佛、禅、神秘是整个项目空间的文化特点。

● 图7-20　七隆会馆藏式风格陈设设计

08

绿化
设计

8.1 绿化的概念

根据维持自然生态环境的要求和专家测算，城市居民每人至少应有 $10m^2$ 的森林或 $30 \sim 50m^2$ 的绿地才能使城市达到二氧化碳和氧气的平衡，才有益于人类生存。我国《城市园林绿化管理暂行条例》也规定：城市绿化覆盖率为 30%，公共绿地到 20 世纪末达到每人 $7 \sim 11m^2$ 等。而大力推广阳台、屋顶、外墙面垂直绿化及室内绿化，对提高城市绿化率，改善自然生态环境，无疑将起着十分重要的补充和促进作用。

我国人民十分崇尚自然，热爱自然，喜欢接近自然，欣赏自然风光，和大自然共呼吸，这是生活中不可缺少的重要组成部分。对植物、花卉的热爱，也常洋溢于诗画之中。自古以来就有踏青、修禊、登高、春游、野营、赏花等习俗，并一直延续至今。苏东坡曾云："宁可食无肉，不可居无竹。"杜甫诗云："嗜酒爱风竹，卜居必林泉。"王维诗曰："君自故乡来，应知故乡事。来日绮窗前，寒梅著花未？"旧时把农历 2 月 15 日定为百花生日，或称"花朝节"。北京崇文门外的"花市大街"，就是在 20 世纪初，因集中经营花业而得名。

室内绿化在我国的发展历史悠远，最早可追溯到新石器时代，从浙江余姚河姆渡新石器文化遗址的发掘中，获得一块刻有盆栽植物花纹的陶块。河北望都一号东汉墓的墓室内有盆栽的壁画，绘有内栽红花绿叶的卷沿圆盆，置于方形几上，盆长椭圆形，内有假山几座，长有花草。另一幅也画着高髻侍女，手托莲瓣形盘，盘中有盆景，长有植物一棵，植株上有绿叶红果。唐章怀太子李贤墓，甬道壁画中，画有仕女手托盆景之像。可见当时已有山水盆景和植物盆景。东晋王羲之《柬书堂贴》提到莲的栽培："今岁植得千叶者数盆，亦便发花相继不绝"，这是有关盆栽花卉的最早的文字记载。

在西方，古埃及画中就有列队手擎种在罐里的进口稀有植物，据古希腊植物学志记载有 500 种以上的植物，并在当时能制造精美的植物容器，在古罗马宫廷中，已有种在容器中的进口植物，并在云母片作屋顶的暖房中培育玫瑰花和百合花。至意大利文艺复兴时期，花园已很普遍，英、法在 17 ~ 19 世纪已在暖房中培育柑橘。

许多室内培育植物的知识是在市场销售运输过程中获得的，要比书本知识为早。欧洲 19 世纪的"冬季庭园"（玻璃房）已很普遍。20 世纪六七十年代，室内绿化已为各国人民所重视，引进千家万户。植物是大自然生态环境的主体，接近自然，接触自然，使人们经常生活在自然中。改善城市生态环境，崇尚自然、返璞归真的愿望和需要，在当代城市环境污染日益恶化的情况下显得更为迫切。因此，通过绿化室内把生活、学习、工作、休息的空间变成"绿色的空间"，是环境改善最有效的手段之一，它不但对社会环境的美化和生态平衡有益，而且对工作、生产也会有很大的促进。人类学家哈·爱德华强调人的空间体验不仅是视觉而是多种感觉，并和行为有关，人和空间是相互作用的，当人们踏进室内，看到浓浓的绿意和鲜艳的花朵，听到卵石上的流水声，闻到阵阵的花香，在良好环境知觉刺激面前，不但会感到社会的关心，还能使精力更为充沛，思路更为敏捷，使人的聪明才智更好地发挥出来，从而提高工作效率。这种看不见的环境效益，实际上和看得见的超额完成生产指标是一样重要的。

8.2 绿化的作用

8.2.1 净化空气和调节气候

植物经过光合作用可以吸收二氧化碳，释放氧气，而人在呼吸过程中，吸入氧气，呼出二氧化碳，从而使大气中氧和二氧化碳达到平衡，同时通过植物的叶子吸热和水分蒸发可降低气温，在冬夏季可以相对调节温度，在夏季可以起到遮阳隔热作用，在冬季，据实验证明，有种植阳台的毗连温室比无种植的温室不仅可造成富氧空间，便于人与植物的氧与二氧化碳的良性循环，而且其温室效应更好。

此外，某些植物，如夹竹桃、梧桐、棕榈、大叶黄杨等可吸收有害气体，有些植物的分泌物，如松、柏、樟桉、臭椿、悬铃木等具有杀灭细菌的作用，从而能净化空气，减少空气中的含菌量，同时植物又能吸附大气中的尘埃，从而使环境得以净化（图8-1）。

● 图8-1　净化空气和调节气候的植物

8.2.2 组织和引导空间

利用绿化组织室内空间、强化空间，表现在许多方面。

（1）分隔空间的作用

以绿化分隔空间的范围是十分广泛的，如在两厅室之间、厅室与走道之间以及在某些大的厅室内需要分隔成小空间的，如办公室、餐厅、旅店大堂、展厅，此外在某些空间或场地的交界线，如室内外之间、室内地坪高差交界处等，都可用绿化进行分隔。某些有空间分隔作用的围栏，如柱廊之间的围栏、临水建筑的防护栏、多层围廊的围栏等，也均可以结合绿化加以分隔。

对于重要的部位，如正对出入口，起到屏风作用的绿化，还须作重点处理，分隔的方式大都采用地面分隔方式，如有条件，也可采用悬垂植物由上而下进行空间分隔（图8-2）。

（2）联系引导空间的作用

联系室内外的方法是很多的，如通过铺地由室外延伸到室内，或利用墙面、顶棚或踏步的延伸，也都可以起到联系的作用。但是相比之下，都没有利用绿化更鲜明、更亲切、更自然、更惹人注目和喜爱。

许多宾馆常利用绿化的延伸联系室内外空间，起到过渡和渗透作用，通过连续的绿化布置，强化室内外空间的联系和统一。大凡在架空的底层，入口门廊开敞形的大门入口，常常可以看到绿化从室外一直延伸进来，它们不但加强了入口效果，而且这些被称为模糊空间或灰空间的地方最能吸引人们在此观赏、逗留或休息。

绿化在室内的连续布置，从一个空间延伸到另一个空间，特别在空间的转折、过渡、改变方向之处，更能发挥空间的整体效果。绿化布置的连续和延伸，如果有意识地强化其突出、醒目的效果，那么，通过视线的吸引，就起到了暗示和引导作用。方法一致，作用各异，在设计时应予以细心区别。

（3）突出空间的重点作用

在大门入口处、楼梯进出口处、交通中心或转折处、走道尽端等处，既是交通的要害和关节点，也是空间中的起始点、转折点、中心点、终结点等的重要视觉中心位置，是必须引起人们注意的位置，因此，常放置特别醒目的、更富有装饰效果的、甚至名贵的植物或花卉，使起到强化空间、重点突出的作用。

布置在交通中心或尽端靠墙位置的，也常成为厅室的趣味中心而加以特别装点。这里应说明的是，位于交通路

●图8-2　分隔空间的作用

线的一切陈设，包括绿化在内，必须以不妨碍交通和紧急疏散时不致成为绊脚石，并按空间大小形状选择相应的植物。如放在狭窄的过道边的植物，不宜选择低矮、枝叶向外扩展的植物，否则，既妨碍交通又会损伤植物，因此应选择与空间更为协调的修长的植物。

8.2.3 深化空间和增添生气

树木花卉以其千姿百态的自然姿态、五彩缤纷的色彩、柔软飘逸的神态、生机勃勃的生命，恰巧和冷漠、刻板的金属、玻璃制品及僵硬的建筑几何形体和线条形成强烈的对照。例如：乔木或灌木可以以其柔软的枝叶覆盖室内的大部分空间；蔓藤植物，以其修长的枝条，从这一墙面伸展至另一墙面，或由上而下吊垂在墙面、柜、橱、书架上，如一串翡翠般的绿色枝叶装饰着，并改变了室内空间形态；大片的宽叶植物，可以在墙隅、沙发一角，改变着家具设备的轮廓线，从而给予人工的几何形体的室内空间一定的柔化和生气。这是其他任何室内装饰、陈设所不能代替的（图8-3）。

● 图8-3 深化空间和增添生气

8.2.4 美化环境和陶冶情操

绿色植物，不论其形、色、质、味，或其枝干、花叶、果实，所显示出蓬勃向上、充满生机的力量，引人奋发向上，热爱自然，热爱生活。植物生长的过程，是争取生存及与大自然搏斗的过程，其形态是自然形成的，没有任何掩饰和伪装。不少生长于缺水少土的山岩、墙垣之间的植物，盘根错节，横延纵伸，广布深钻，充分显示其为生命斗争的无限生命力，在形式上是一幅抽象的天然图画，在内容上是一首生命赞美之歌。它的美是一种自然美，洁净、纯正、朴实无华，即使被人工剪裁，任人截枝斩干，仍然显示其自强不息、生命不止的顽强生命力。因此，树桩盆景之美与其说是一种造型美，倒不如说是一种生命之美，如图8-4所示为百年榕树桩盆景，残体（枝干仅留外皮）、新绿，倍觉可爱。人们从中可以得到万般启迪，使人更加热爱生命，热爱自然，陶冶情操，净化心灵，和自然共呼吸。

8.2.5 抒发情怀和创造氛围

　　一定量的植物配置，使室内形成绿化空间，让人们置身于自然环境中，享受自然风光，不论工作、学习、休息，都能心旷神怡，悠然自得。同时，不同的植物种类有不同的枝叶花果和姿色，例如一丛丛鲜红的桃花，一簇簇硕果累累的金橘，给室内带来喜气洋洋，增添欢乐的节日气氛。苍松翠柏，给人以坚强、庄重、典雅之感。如遍置绿色植物和洁白纯净的兰花，使室内清香四溢，风雅宜人。

　　此外，东西方对不同植物花卉均赋予一定象征和含义，如我国喻荷花为"出淤泥而不染，濯清涟而不妖"，象征高尚情操；喻竹为"未曾出土先有节，纵凌云霄也虚心"，象征高风亮节；称松、竹、梅为"岁寒三友"，梅、兰、竹、菊为"四君子"；喻牡丹为高贵，石榴为多子，萱草为忘忧等。在西方，紫罗兰为忠实永恒；百合花为纯洁；郁金香为名誉；勿忘草为勿忘我等（图8-5）。

●图8-4　美化环境和陶冶情操

8.3　绿化的布置

　　室内绿化的布置在不同的场所，如酒店宾馆的门厅、大堂、中庭、休息厅、会议室、办公室、餐厅以及住户的居室等，均有不同的要求，应根据不同的任务、目的和作用，采取不同的布置方式，随着空间位置的不同，绿化的作用和地位也随之变化，可分为：

●图8-5　抒发情怀和创造氛围

　　①处于重要地位的中心位置，如大厅中央；
　　②处于较为主要的关键部位，如出入口处；
　　③处于一般的边角地带，如墙边角隅。

应根据不同部位，选好相应的植物品色。但室内绿化通常总是利用室内剩余空间，或不影响交通的墙边、角隅，并利用悬、吊、壁龛、壁架等方式充分利用空间，尽量少占室内使用面积。同时，某些攀缘、藤萝等植物又宜于垂悬以充分展现其风姿。因此，室内绿化的布置，应从平面和垂直两方面进行考虑，使形成立体的绿色环境。

8.3.1 重点装饰与边角点缀

把室内绿化作为主要陈设并成为视觉中心，以其形、色的特有魅力来吸引人们，是许多厅室常采用的一种布置方式。它可以布置在厅室的中央，也可以布置在室内主立面，如某些会场中、主席台的前后以及圆桌会议的中心、客厅中心，或设在走道尽端中央等，成为视觉焦点。如图8-6所示，布置在室内主立面的绿化。

● 图8-6　布置在室内主立面的绿化

边角点缀的布置方式更为多样，如布置在客厅中沙发的转角处，靠近角隅的餐桌旁、楼梯背部，布置在楼梯或大门出入口一侧或两侧、走道边、柱角边等部位。这种方式是介于重点布置和边角布置之间的一种形态，其重要性次于重点装饰而高于边角布置（图8-7）。

● 图8-7　边角点缀

● 图8-8　结合家具和陈设布置

8.3.2 结合家具和陈设

　　室内绿化除了单独落地布置外，还可与家具、陈设、灯具等室内物件结合布置，相得益彰，组成有机整体（图8-8）。

8.3.3 与背景成对比

　　绿化的另一作用，就是通过其独特的形、色、质，不论是绿叶或
鲜花，不论是铺地或是屏障，集中布置成片的背景（图8-9）。

●图8-9　绿植背景墙

8.3.4 垂直布置

　　垂直绿化通常采用顶棚上悬吊方式，也可利用每层回廊栏板布置绿化等，这样可以充分利用空间，不占地面，并造成绿色立体环境，增加绿化的体量和氛围，并通过成片垂下的枝叶组成似隔非隔、虚无缥缈的美妙情景（图8-10）。

●图8-10　垂直布置

8.3.5 沿窗布置

靠窗布置绿化，能使植物接受更多的日照，并形成室内绿色景观，还可以作成花槽或低台上置小型盆栽等方式（图8-11）。

●图8-11　沿窗布置

案例

塞浦路斯天然遮阳板大厦

法国建筑大师让·努维尔（Jean Nouvel）非常喜欢在建筑表皮上做文章。如图8-12所示的这座白色的塔楼，建筑的外墙由大小不等、疏密不均的方洞组成。内部的植物透过这些孔洞露在外面，整个建筑看上去仿佛城市中一个巨大的花瓶。

这座67m高的"城市花瓶"集合了豪华公寓、办公、商铺等功能与一身，号称是当地最高的建筑。为了更好地适应当地的地

●图8-12　建筑的外墙由大小不等、疏密不均的方洞组成

中海气候特点，设计师将建筑设计成了"自然的遮阳板"。尤其在朝南的那个面，为了有效地避免强烈的光线直射，建筑师设计了一系列贯穿建筑两侧的大阳台，上面"疯狂地"种植植物，从底层到顶层，仿佛制造了一片立体的空中森林，成为其后面的公共使用空间的天然屏障（图8-13）。

●图8-13　植物从底层到顶层仿佛制造了一片立体的空中森林

09

室内
色彩设计

9.1　色彩的概念

色彩感觉信息传输途径是光源、彩色物体、眼睛和大脑，也就是人们色彩感觉形成的四大要素。这四个要素不仅使人产生色彩感觉，而且也是人能正确判断色彩的条件。在这四个要素中，如果有一个不确定或者在观察中有变化，就不能正确地判断颜色及颜色产生的效果。因此，当我们在认识色彩时并不是在看物体本身的色彩属性，而是将物体反射的光以色彩的形式进行感知（图9-1）。

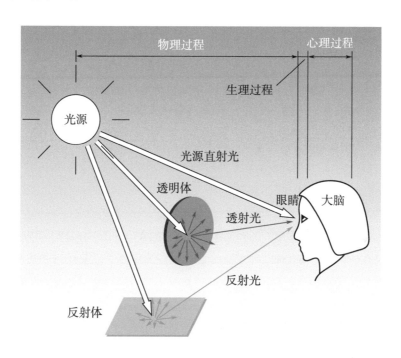

●图9-1　人的色彩感知过程

色彩可分为无彩色和有彩色两大类。对消色物体来说，由于对入射光线进行等比例的非选择吸收和反（透）射，因此，消色物体无色相之分，只有反（透）射率大小的区别，即明度的区别。明度最高的是白色，最低的是黑色，黑色和白色属于无彩色。在有彩色中，红色、橙色、黄色、绿色、蓝色、紫色六种标准色比较，它们的明度是有差异的。黄色明度最高，仅次于白色，紫色的明度最低，和黑色相近。如图9-2所示为可见光光谱线。

有彩色表现很复杂，人的肉眼可以分辨的颜色多达一千多种，但若要细分差别却十分困

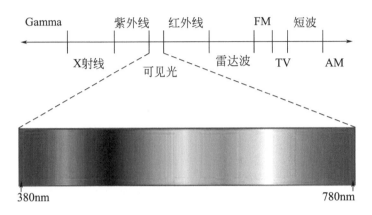

●图9-2 可见光光谱线

难。因此，色彩学家将色彩的名称用它的不同属性来表示，以区别色彩的不同。用"明度""色相""纯度"三属性来描述色彩，更准确、更真实地概括了色彩。在进行色彩搭配时，参照三个基本属性的具体取值来对色彩的属性进行调整，是一种稳妥和准确的方式。

9.1.1 明度

明度，是指色彩的明暗程度，即色彩的亮度、深浅程度。谈到明度，宜从无彩色入手，因为无彩色只有一维，好辨得多。最亮是白色，最暗是黑色，以及黑白之间不同程度的灰色，都具有明暗强度的表现。若按一定的间隔划分，就构成明暗尺度。有彩色即靠自身所具有的明度值，也靠加减灰色、白色调来调节明暗。例如，白色颜料属于反射率相当高的物体，在其他颜料中混入白色，可以提供混合色的反射率，也就是提高了混合色的明度。混入白色越多，明度提高得越多。相反，黑色颜料属于反射率极低的物体，在其他颜料中混入黑色越多，明度就越低（图9-3）。

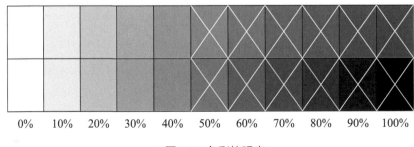

| 0% | 10% | 20% | 30% | 40% | 50% | 60% | 70% | 80% | 90% | 100% |

●图9-3 色彩的明度

明度在三要素中具有较强的独立性，它可以不带任何色相的特征而通过黑白灰的关系单独呈现出来。色相与纯度则必须依赖一定的明暗才能显现，色彩一旦发生，明暗关系就会同时出现，在绘制一幅素描的过程中，需要把对象的有彩色关系抽象为明暗色调，这就需要有对明暗的敏锐判断力。

9.1.2 色相

有彩色就是包含了彩调，即红色、黄色、蓝色等几个色族，这些色族便叫色相。

红色、橙色、黄色、绿色、蓝色、紫色为基本色相。在各色中间加插一两个中间色，其头尾色相，按光谱顺序为红色、橙红色、黄橙色、黄色、黄绿色、绿色、绿蓝色、蓝绿色、蓝色、蓝紫色、紫色、红紫色。这十二色相的彩调变化，在光谱色感上是均匀的。如果进一步再找出其中间色，便可以得到二十四个色相。在色相环的圆圈里，各彩调按不同角度排列，则十二色相环每一色相间距为30°。二十四色相环每一色相间距为15°（图9-4）。

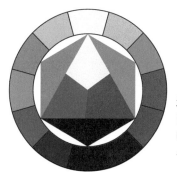

最外圈的色环，由纯色光谱秩序排列而成
当中一圈是间色：橙、绿、紫
中心部分是三原色：红、黄、蓝
各色之间，呈直线对应的就是互补色关系

●图9-4 色相环

日本色研配色体系PCCS对色相制作了较规则的统一名称和符号。成为人类色觉基础的主要色相有红、黄、绿、蓝四种色相，这四种色相又称心理四原色，它们是色彩领域的中心。这四种色相的相对方向确立出四种心理补色色彩，在上述的8个色相中，等距离的插入4种色彩，成为12种色彩的划分。在上述8个色相中，等距离地插入4种色相，成为12种色相。再将这12种色相进一步分割，成为24个色相。在这24个色相中包含了色光三原色，泛黄的红、绿、泛紫的蓝和色料三原色红紫、黄、蓝绿这些色相。色相采用1～24的色相符号加上色相名称来表示。把正色的色相名称用英文开头的大写字母表示，把带修饰语的色相名用英语开头的小写字母表示。例如：1：pR、2：R、3：rR。（图9-5）。

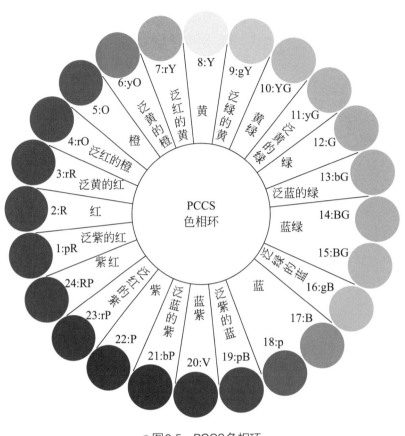

●图9-5　PCCS色相环

9.1.3 纯度

　　色彩的纯度是指色彩的鲜艳程度，我们的视觉能辨认出的有色相感的色，都具有一定程度的鲜艳度。所有色彩都是由红色（玫瑰红色）、黄色、蓝色（青色）三原色组成，原色的纯度最高，色彩纯度应该是指原色在色彩中的百分比。

　　色彩可以由四种方法降低其纯度。

（1）加白色
纯色中混合白色，可以减低纯度、提高明度，同时各种色混合白色以后会产生色相偏差。

（2）加黑色

纯色混合黑色既降低了纯度，又降低了明度，各种颜色加黑后，会失去原有的光亮感，而变得沉着、幽暗。

（3）加灰色

纯度混入灰色，会使颜色变得浑厚、含蓄。相同明度的灰色与纯色混合，可得到相同明度不同纯度的含灰色，具有柔和、软弱的特点。

（4）加互补色

纯度可以用相应的补色掺淡。纯色混合补色，相当于混合无色系的灰色，因为一定比例的互补色混合产生灰色，如黄色加紫色可以得到不同的灰黄色。如果互补色相混合再用白色淡化，可以得到各种微妙的灰色。

9.2 色彩的心理作用

9.2.1 色彩的特性

（1）色彩的进退与缩张的特性

色彩有两大类别：彩色和无彩色。色彩有明度、纯度、色相差别。色彩还有冷暖之分。红色、黄色、橙色等是暖色，绿色、蓝色等是冷色。

在色彩的比较中，我们把感觉比实际距离近的色彩叫前进色，感觉比实际距离远的色彩叫后褪色；感觉有扩张感的色彩叫膨胀色，感觉有缩小感觉的色彩叫收缩色。

色彩可给人不同感觉。

① 纯度高的色彩刺激性强，对视网膜的兴奋作用大，有前进感、膨胀感。而纯度低的色彩刺激性弱，对视网膜的兴奋作用小，有后退感、收缩感。

② 明度高的色彩光量多，色刺激大，有前进感、膨胀感。而明度低的色彩光量少，色刺激小，有后退感、收缩感。

③ 红色、橙色、黄色波长，有前进感、膨胀感。而蓝色、蓝绿色、蓝紫色等色波短，色彩有后退感、收缩感。

④ 暖色有前进感、膨胀感。冷色有后退感、收缩感。

⑤ 在不同背景的衬托下，与大面积背景成强对比的色彩有前进感、膨胀感。而与背景成弱对比或接近的色彩有后退感、收缩感。

（2）色彩的冷暖特性

色彩的冷暖与物理温度无关，色彩冷暖只是指人们心理对色彩的感觉。其区别是通过我们积累的视觉经验得到的，并加以联想，成为感知色彩的知觉力。如红色联想到火焰、血液等，蓝色联想到水或冰等。这些联想包含着明确的观念，导致感情的反应：红色是暖色，蓝色是冷色。

冷色给人以"静"感，如：寒冷、清爽、远的、方直、潮湿的、理智的、空气感、透明的、镇静的、轻的等感觉。暖色给人以"动"感，如：热情、刺激、喜庆、流动感、阳光、近的、重的、感情的、圆滑的、干燥的等感觉。

（3）色彩的轻重与软硬特性

① 明度低的色彩显得重，有硬感、收缩感。明度高的色彩显得轻，有软感、膨胀感。

② 在同明度、同色相条件下，纯度高的色彩感觉轻、软、有膨胀感，纯度低的色彩感觉重、感觉硬、有收缩感。

③ 暖色如黄色、橙色、红色等给人感觉轻，有软感、膨胀感，冷色蓝色、蓝绿色、蓝紫色等给人感觉重，有硬感、收缩感。

（4）色彩的华丽与朴素特性

影响色彩感情最明显的色相，其次是纯度，再次是明度。

① 红色、橙色、黄色等暖色是最令人兴奋、鼓舞的积极色彩，而蓝色、蓝绿色、蓝紫色等给人的感觉是沉静、忧郁，是消极色彩。

② 纯度高的色彩给人的感觉积极，而纯度低的色彩给人的感觉消极。

③ 高明度的色彩（同纯度、同色相）给人的感觉积极。而低明的色彩（同纯度、同色相）给人的感沉静、稳重、消极，但明度高低与色彩的积极、消极比较复杂，随具体的纯度、色相的不同而不同。

（5）色彩的"四季"特性

春夏秋冬四季，可用一组色彩根据个人的不同心理感受，以色相特征为主，结合明度、纯度属性表现出春的生机、希望，夏的炎热、强烈，秋的收获、成熟，冬的寒冷、素雅等特征。

（6）色彩的"味觉"特性

色彩的味觉感受，是指心理上对酸、甜、苦、辣不同味道的色彩感觉之表达。根据酸、甜、苦、辣，不同具象联想，以抽象形为主，结合具象形特征以及色彩的次暖和色彩的明度、纯度、色相等属性，表现出酸甜苦辣不同的味觉感受。

每个人的经验、记忆、知识、职业、民族、性格、年龄、性别不同，虽然对"味觉"的色彩感受有所不同，但是在色彩性质的制约下，联想到的内容是有共性的，也正是由于这种共性色彩的情感表现为大多数人所理解和接受是完全可能的。

（7）色彩的"音乐"特性

快节奏的音乐，色彩感觉是对比强烈，纯度高、明度高、色调较暖；慢节奏的音乐，色彩感觉是对比柔和，中低纯度，色调是中性偏冷；忧伤的音乐，色彩感觉对比模糊或对比强烈，色彩的纯度低，明度低，色调是冷色的。

（8）色彩的庄重感

色彩的庄重感是指中明度、低明度色彩，中纯度、低纯度色彩，色相有冷暖中性色，色彩对比色适中，有稳重感、庄重感。

（9）色彩的活泼感

色彩的活泼感是指高纯度色彩，明度较高的色彩，色相对比强烈的色彩，有动感、活泼感。

9.2.2 色彩的心理感受

（1）色彩的联想

我们把因看到某一色彩而想起与该色有关的某些事物的这一心理活动，称之为色彩联想。色彩的联想分为具象联想和抽象联想。

① 红色联想
具象联想：红色信号灯、血液、火、太阳、花卉、红旗、西红柿等。
抽象联想：热情、危险、革命、热烈、喜庆、温暖、活力、禁止、警告等。

② 橙色联想
具象联想：柑橘、秋叶、晚霞、灯光、柿子、果汁、面包等。
抽象联想：甜美、温情、华丽、鲜艳、成熟、喜悦、快乐、活泼等。

③ 黄色联想

具象联想：柠檬、菊花、香蕉、向日葵、油菜花、玉米等。

抽象联想：信心、光明、希望、丰收、明快、豪华、高贵、爽朗等。

④ 绿色联想

具象联想：草地、树叶、植物、绿色信号灯、公园、军装、禾苗等。

抽象联想：生命、和平、年轻、安全、平静、春天、成长、活力等。

⑤ 蓝色联想

具象联想：大海、天空、水、宇宙、远山、玻璃等。

抽象联想：安宁、冷漠、平静、悠远、理智、沉重、悲伤等。

⑥ 紫色联想

具象联想：葡萄、茄子、丁香花、紫罗兰等。

抽象联想：优雅、高贵、庄重、神秘、文静、权威、内向、浪漫等。

⑦ 黑色联想

具象联想：夜晚、墨、炭、煤、墨卡纸等。

抽象联想：严肃、刚健、死亡、恐怖、重量感、罪恶感、坚实、忧郁等。

⑧ 白色联想

具象联想：白云、白糖、面粉、雪、白墙、护士、婚纱、白兔等。

抽象联想：天真、纯洁、明亮、光明、神圣、干净、纯真、清洁等。

⑨ 灰色联想

具象联想：树皮、乌云、水泥、油漆等。

抽象联想：平凡、失意、谦逊、成熟、稳重等。

（2）色彩的象征

当色彩的联想内容经多次反复达到共性反应，并通过文化的传播而形成固定的观念时，该色彩就变成了该事物的象征。例如：红色象征革命或喜庆，黄色象征光明或高贵，蓝色象征希望或悲伤，绿色象征生命或和平等。

色彩的象征内容，并非人们主观臆造的产物。它是人们在长期感受，认识和应用色彩过程中总结形成的一种观念，是人们依据正常的视觉和普通的常识达成的一种共识。但由于地域、时代、民族等文化环境中，所造成的文化差异以及个体在认知事物时的个性差异，使得象征的内容具有多样的特点，象征意义并非绝对，生与死的我们可常用"黑与白"来象征，而在梵高的画下却变成了黄橙色与蓝紫色。

9.2.3 主要色相的心理分析

（1）红色

红色是一种引人注目的色彩，对人的感觉器官有强烈的刺激作用，能增高血压，加速血液循环，对人的心理产生巨大鼓舞作用，这就使红色有了积极、向上的活力等象征意义，如果红色中加入白色成为粉红色，它意味着幸福、甜蜜、娇柔。爱情，如果红色中加入黑色可成为暗红色，给人以枯萎、烦恼、忧郁、孤僻的心理感受，如果红色中加入灰色，成为红灰色，给人以烦闷、哀伤、忧郁、寂寞的心理感受。

（2）橙色

橙色也是对视觉器官刺激比较强烈的色彩，既有红色的热情，又有黄色的光明，活泼的性格，是人们普遍喜爱的色彩，如警戒的指定色，海上的救生衣、马路上养路工人制服等用此色，如果橙色中加入白色，给人以细嫩、温馨、暖和、柔润，细心、轻巧，慈祥的心理感受，如果橙色中加入黑色，给人以沉着、茶香、情深、悲观、拘谨的心理感受，如果橙色中加入灰色给人以沙滩、故土、灰心的心理感觉。

（3）黄色

黄色是有彩色中明度最高的色彩，给人以光明、自信、迅速、活泼、注意、轻快的感觉，尤其在低明度色彩或其补色的衬托下，十分醒目。在中国传统用色中，黄色是权力的象征，是帝王皇族的专用色，如果黄色中加入白色，给人以单薄、娇嫩、可爱、无诚意、温和、光荣和慈祥的心理感受；如果黄色中加入黑色，给人以没有希望、多变、贫穷、粗俗、秘密的心理感受；如果黄色加入灰色，给人以不健康、没精神、低贱、肮脏、陈旧的心理感受。

（4）绿色

绿色的视觉感受比较舒适、温和，绿色为植物的色彩，对生理作用和心理作用都极为平静，刺激性不大，因此，人对绿色都较喜欢，绿色给人以宁静、休息、放松，使人精神不易疲劳。如果绿色中加放白色，给人以爽快、清淡、宁静、舒畅，轻浮的心理感受；如果绿色中加入黑色，给人以安稳、自私、沉默、刻苦的心理；如果绿色中加入灰色，给人以湿气、倒霉、不信任、腐烂、发酵的心理感受。

（5）蓝色

蓝色会使人想到海洋、天空，湛蓝而广阔，蓝色给人以冷静、智慧、深远的感受，蓝色对视觉器官的刺激较弱，当人们看到蓝色时情绪较安宁，尤其是当人们在心情烦躁，情绪不安时，面对蓝蓝的大海，仰望蔚蓝的天空，顿时心胸变得开阔起来，舒畅会烟消云散，如果蓝色中加入白色，会给人以清淡、聪明、伶俐、轻柔、高雅、和蔼的心理感受；如果蓝色中加入黑色，给人奥秘、沉重、幽深、悲观、孤僻，庄重的心理感受；如果蓝色中加入灰色，给人以粗俗、可怜、压力、贫困、沮丧、笨拙的心理感受。

（6）紫色

紫色属于中性色彩，富有神秘感，紫色易引起心理上的忧郁和不安，但又给人以高贵、庄严之感，是女性较喜欢的色彩，在我国传统用色中，紫色是帝王的专用色，是较高权力的象征，如紫禁城（北京故宫），紫袈装朝廷赐给和尚的僧衣，紫诏（皇帝的诏书）等，紫色加入白色，给人以女性化、娇媚清雅、美梦、含蓄、虚幻、羞愧、神秘的心理感受，紫色中加入黑色，给人以虚伪、渴望、失去信心的心理感受，紫色中加入灰色，给人以腐烂、厌倦、回忆、忏悔、衰老、放弃、枯朽、消极、虚弱的心理感受。

（7）黑色

黑色是无彩色，是明度最低的颜色，因此给人以留下神秘、黑暗、死亡、恐怖、庄严的意象。黑色能直接表现出一种坚毅、力量和勇敢的精神。也能把其他色彩反衬得鲜明、热情、富于动感。

（8）白色

白色也是无彩色，是明度最高的颜色，由于白色为全色相，能满足视觉的生理要求，与其他色彩混合均能取得很好的效果。

（9）灰色

灰色介于黑色和白色之间，是无彩色（无任何色彩倾向的灰）。灰色是全色相，是没有纯度的中性色。注目性很低，人的视觉最适应看到配色总和为中性灰色，所以，灰色很重要，但很少单独使用，灰色很顺从，与其他色彩配合均可取得较好的视觉效果。

在设计中，一块纯度较高的棕色在食品类中我们会想到巧克力、咖啡、烤肉……因此有"香甜"的联想，但放到卫生间用品类中，如设计到浴巾中，看着棕色的花纹你还会有"香甜"的联想吗？由于使用环境不同，同一种颜色会有不同的联想，甚至可能成为"禁忌"色。

案例

曼谷 Apos2 办公空间设计

　　为了满足人们对办公空间日益增长的多功能需要，曼谷设计公司 Apostrophy's 把自己位于泰国的工作间重新做了装饰。鲜艳的三原色是整套设计的核心元素，由红色、蓝色、黄色三种色调组成，每种色调下还有各自不同的色彩饱和度。

　　第一层采用三原色之红色为基调色，空间被设计成了一间兼具接待厅风格的咖啡间，座椅和长桌在一面loft风格的橱架下倚墙而立。红色的大面积应用，让员工在进门的一刹那，就被刺激和带动起全身的创作积极性（图9-6）。

　　第二层采用三原色之蓝色为基调色，被设计成一间名为

●图9-6　红色主题，靓丽富有激情

●图9-7　蓝色主题，宁静蕴含深邃

●图9-8　黄色主题，简洁激发创造

"aposer room"（难题解答室）的工作区，蓝色的主题应用，让这里充满平静、秩序和稳定的气氛。作为一间开放式办公室，所有的办公桌都按照面对面的形式摆放，便于员工们之间随时交流。"there is no 'I' in team, but there is in win."（团队不分你我，胜利属于自己）这句在墙上用大字写成的巨型标语，无时无刻不在提醒这里的员工们齐心协力，共同解决问题的团队理念（图9-7）。

第三层采用三原色之黄色为基调色，被定义为"头脑风暴间"以及员工间举行会议的地方。明亮的鲜黄色调，让从墙上到座椅的每一寸空间，都镀上了一层阳光般的色彩。这种活泼的色调能够在为空间提供照明的同时，激起更多的创意火花，墙上的每一句有关创作的标语，更是每时每刻都在提醒着这里的每一位创意人员（图9-8）。

9.3　色彩与空间

9.3.1 色彩与空间的关系

9.3.1.1　用色彩调整空间的比例

在同一个房间中，即使仅仅改变窗帘或沙发靠枕的颜色，整个居室的视觉比例也会随之变得宽敞或狭小。

不同的居室中或多或少存在着一些问题，例如有的过高，有的狭窄，有的空旷，利用色彩可以从视觉上改变这些缺点。

●图9-9　红色——膨胀色

●图9-10　蓝色——收缩色

●图9-11 橙色——前进色

●图9-12 蓝色——后退色

在所有的色彩中,有的色彩能够扩大室内面积,有的则能缩小面积,被称为膨胀色和收缩色;有的能够拉近墙面的距离,有的则能使其看起来更远一些,这些色调被称为前进色和后退色;同样,还有轻色和重色,能够使界面看起来变轻或变重。

(1)膨胀色和收缩色

暖色相、高纯度、高明度的色彩都是膨胀色(图9-9);低纯度、低明度、冷色相均为收缩色(图9-10)。比较宽敞的空间室内软装饰可以采用膨胀色,使空间看起来丰满一些,反之,则宜使用收缩色。

(2)前进色和后退色

高纯度、低明度、暖色相给人以向前的感觉,被称为前进色(图9-11);低纯度、高明度、冷色相被称为后退色(图9-12)。空旷的房间可以用前进色喷涂墙面,反之可用后退色。

(3)重色和轻色

深色使人感觉下沉,浅色给人

●图9-13 轻色在上,重色在下,
延长两个界面的距离

上升感，同样明度和纯度的情况下，暖色轻，冷色重。低空间可用轻色装饰天花板，地板采用重色，可以在视觉上延长两个界面的距离，使比例更和谐（图9-13）。

9.3.1.2 空间色彩与自然光照

不同朝向的居室会因为不同的光照而有不同用色特点，可以利用色彩来改善光照的弊端。

朝北的居室房间，因为一年四季晒不到太阳，温度偏低，选择淡雅的暖色或中性色比较好，这样房间会感觉到暖和一些，同时还会有一种愉快、舒适的感觉（图9-14）。

东西朝向的房间，光照一天之中变化很大，直对光照的墙面可以选择吸光的色彩，背光的墙面选择反光色，墙壁不宜刷成橘黄色或淡红色，选择冷色调比较合适（图9-15）。

● 图9-14 朝北的房间适宜采用暖色调

● 图9-15 东西朝向的房间适宜采用冷色调

朝南的居室房间，一般冬暖夏凉，一天之中的光照比较均匀，色彩选择没有什么限制性。

室内墙壁色彩基调一般不宜与室外环境形成太强烈的对比，窗外若有红光反射，室内则不宜选用太浓的蓝色、绿色。色彩对比太强，易使人感觉疲劳，产生厌倦情绪。浅黄色、奶黄色偏暖，效果会更好。相反，窗外若有树叶或较强的绿色反射光，室内颜色则不宜太绿或太红。

9.3.1.3 空间色彩与气候

居室内总的色彩设定宜与所居住的城市气候结合起来进行设定。例如特别严寒的地带，寒冷的时间较长，室内使用暖色调可以让人感觉温暖舒适；炎热时间较长的地区，室内宜采用冷色调，会让人感觉凉爽、轻快。

若喜欢根据季节变化而改变室内氛围，可以用改变室内陈设颜色的办法来跟随季节的特点，如夏季采用淡雅、冷色调的软饰；冬季使用暖色调、具有节日氛围的装饰等，都是居室色彩与气候的呼应手段（图9-16、图9-17）。

●图9-16 夏季采用淡雅、冷色调的软饰

●图9-17 冬季使用暖色调、具有节日氛围的装饰

9.3.2 空间配色设计

9.3.2.1 善用色彩搭配黄金比例

在居室内色彩构成中不要超过三个色彩的框架，这三个框架要按60 ：30 ：10的原则进行色彩比重分配，即主色彩：次要色彩：点缀色彩为60 ：30 ：10的比例。如室内空间墙壁用60%的比例，家具、床品和窗帘占30%，小的饰品和艺术品为10%，点缀色虽然是占比最少的色彩，但会起到重要的强调作用。

9.3.2.2 室内空间色彩搭配技巧

在软装设计配色中，要认真分析硬装所留下的配色基础，从业主的喜好和设计主题出发，精心设计作品的配色方案，所有的软装色彩设计过程都必须严格按照这个方案执行，从这个基础出发去完善整个室内的配色系统，这样一定能创作出令人满意的作品。

（1）小型空间装饰色

淡雅、清爽的墙面色彩巧妙地运用可以让小空间看上去更宽大；强烈、鲜艳的色彩用于个别点缀会增加空间整体的活力；还可以用不同深浅的同类色做叠加以增加整体空间的层次感，让其看上去更宽敞而不单调，让使用的主人心情开阔。

（2）大型空间装饰色

暖色和深色可以让大空间显得温暖、舒适。强烈、显眼的点缀色适于大空间的装饰墙，用以制造视觉焦点。将近似色的装饰物集中陈设便会让室内空间聚焦。

（3）从天花板到地面纵观整体

协调从天花板到地面的整体色彩，最简单的做法就是给色彩分重量，暗色最重用于靠下的部位；浅色最轻适合天花板；中度的色彩则可贯穿其间。若把天花板刷成深色或与墙壁色一样，则整个空间看上去较小、较温馨；反之，浅色让顶棚看上去更高一些。

（4）空间配色次序很重要

空间配色方案要遵循一定顺序：硬装—家具—灯具—窗艺—地毯—床品和靠垫—花艺—饰品的顺序。

（5）三色搭配最稳固

在设计和方案实施的过程中，空间配色最好不要超过三种色彩，当然白色、黑色可以不算色彩。同一空间尽量使用同一配色方案，形成系统化的空间感觉。

（6）善用中性色

黑色、白色、灰色、金色、银色中性色主要用于调和色彩搭配，突出其他颜色。它们给人的感觉很轻松，可以避免疲劳，其中金色、银色是可以陪衬任何颜色的百搭色，金色不含黄色，银色不含灰白色。

9.3.2.3　色彩搭配禁忌

（1）蓝色不宜大面积使用在餐厅、厨房

因为蓝色会让食物看起来不诱人，让人没有食欲，蓝色作为点缀色起到调节作用即可。但作为卫浴空间的装饰却能强化神秘感与隐私感。

（2）紫色不宜大面积用在居室或孩子的房间

大面积的紫色会使空间整体色调变深，那样会使得身在其中的人有一种无奈的感觉。不过可以在居室局部作为装饰亮点，可以显出贵气和典雅。

（3）红色不宜长时间作空间主色调

居室内红色过多会让眼睛负担过重，产生头晕目眩的感觉，要想达到喜庆的目的只要用窗帘、床品、靠包等小物件做点缀就可以。

（4）粉红色不宜大面积用在卧室

粉红色容易给人带来烦躁的情绪，尤其是浓重的粉红色会让人精神一直处于亢奋状态，居住其中的人会产生莫名其妙的心火。若将粉红色作为点缀色，或将颜色的浓度稀释，淡粉红色墙壁或壁纸即能让房间转为温馨。

（5）橙色不宜用来装饰卧室

生气勃勃、充满活力的橙色，会影响睡眠质量，将橙色用在客厅则会营造欢快的气氛，用在餐厅能诱发食欲。

（6）咖啡色不宜装饰在餐厅和儿童房

咖啡色含蓄、暗沉，会使餐厅沉闷而忧郁，影响进餐质量，在儿童房中会使孩子性格忧郁。咖啡色不适宜搭配黑色，为了避免沉闷，可以用白色、灰色或米色作为配色，可以使咖啡色发挥出属于它的光彩。

（7）黄色不宜用于书房

它会减慢思考速度，长时间接触高纯度黄色，会让人有一种慵懒的感觉，在客厅与餐厅适量点缀一些就好。

（8）黑色忌大面积运用在居室内

黑色是沉寂的色彩，易使人产生消极心理，与大面积白色搭配是永恒的经典；在大面积黑色上用金色点缀，显得既沉稳又奢华，在饰品上用红色点缀，显得神秘而高贵。

（9）金色不宜做装饰房间的唯一用色

大面积金光闪闪对人的视线伤害最大，容易使人神经高度紧张，不易放松，金色作为线、点的勾勒能够创造富丽的效果。

（10）黑白等比配色不宜使用在室内

长时间在这种环境里，会使人眼花缭乱，紧张、烦躁，让人无所适从，最好以白色作为大面积主色，局部以其他色彩为点缀，有利于产生舒适的视觉感受。

●图9-18 自然材质和人造材质的结合使用

●图9-19 地面光滑的瓷砖和纹理造型丰富的棕木色橱柜形成了对比和层次感

●图9-20 同为橙色，玻璃的质感要比布艺冷硬

9.3.2.4 色彩与材质

（1）自然材质与人造材质

在室内装饰中，色彩是依附于材质而存在的，丰富的材质对色彩的感觉起到密切的影响。常用的室内材质可分为自然材质和人造材质两类，两者通常是被人们结合使用的，自然材质涵盖的色彩比较细致、丰富，多为自然、朴素的色彩，艳丽的色调较少，人造材质色彩丰富，但层次感比较单薄（图9-18）。

（2）表面光滑度的差异

除了材质的来源以及冷暖，表面光滑度的差异也会给色彩带来变化。例如瓷砖，同样颜色的瓷砖经过抛光处理的表面更光滑，反射度更高，看起来明度更高，粗糙一些的则明度较低（图9-19）。

（3）冷质和暖质

具有现代感的玻璃、金属等给人冰冷感觉的材质被称为冷质材料；布艺、皮革等具有柔软感的材质被称为暖质材料。木材、藤等介于冷暖之间，被称为中性材料。暖色调的冷质材料，暖色的温暖感有所减弱；冷色的暖质材料，冷色的感觉也会减弱。例如同为橙色，玻璃的质感要比布艺冷硬（图9-20）。

10

照明
设计

10.1 室内照明的作用

10.1.1 增加空间感和立体感

空间的不同效果，可以通过光的作用充分表现出来。实验证明，室内空间的开敞性与光的亮度成正比，亮的房间感觉要大一些，暗的房间感觉要小一些。充满房间的无形的漫射光，也会使空间有无限的感觉，而直接光能加强物体的阴影，光与影相对比，亦能加强空间的立体感（图10-1）。

10.1.2 分隔、限定空间

利用光照所形成的光环境区域，来区分不同功能空间领域，常结合顶棚、地面的形式进行设计。例如，酒吧的吧台区，其顶部的照明一般结合吧台形式进行设计来起到突出和分隔空间的作用（图10-2）。

10.1.3 明确空间导向

利用灯具整齐的排列或光带的形式起到指引和导向的作用，使身在其中的人能够自然而然地顺着光亮引导的方向行走。常见于走廊或走道空间（图10-3）。

● 图10-1　水合院

● 图10-2　罗马尼亚布加勒斯特音乐俱乐部

● 图10-3　利欧数字网络上海总部

10.1.4 强调重点、突出中心

由于人的注意力总是本能地被那些明暗对比较强的部位吸引，因此，在室内设计中，常利用光照强弱的对比来突出空间的重点于中心，削弱环境中的次要部位或不想被引起注意的部位。例如，商业环境，通常采用亮度较高的照明形式突出特色商品。博物馆空间，一般基础照明通常不是很亮，而在展品区域则安装重点照明设施，既突出展品，又便于游客观赏（图10-4）。

●图10-4 北昌影音空间设计

10.1.5 渲染空间氛围

在室内设计中，光源不同的亮度与颜色是构成空间环境氛围的主要因素，室内环境的气氛亦会因其改变而变化。如亮光给人以明快、响亮之感，而暗光给人以温馨、神秘、宁静的感受。暖色光表现温馨、愉悦、华丽的气氛，冷色光表现出宁静、清爽、高雅的格调。例如，餐厅、咖啡馆、娱乐场所为了表达空间的温暖、欢乐、活跃的气氛，常常使用暖色光，如粉色、浅红色等（图10-5）。

●图10-5 多伦多Raval酒吧

10.2 照明设计的原则

10.2.1 舒适性

10.2.1.1 适当的亮度

照度是光源照射在被照物体单位面积上的光通量，是室内照明设计中的术语，它用"ix"（勒克斯）作为衡量单位。营造舒适的光环境，首先要有适宜的照度，由于不同活动空间对照度要求不同，居住空间照明设计要适当控制其照度水平。随着近几年居住环境要求的提高，我国《民用建筑照明设计标准》的推荐值已经显得略低，应尽量采用表10-1中、高档的照度标准值。

表10-1　不同作业类型要求的照度

作业种类	举　　　例	照度/lx
粗	库房	80 ～ 70
中等精度	实验室、简单装配车床、木匠	200 ～ 500
精密	阅读、写作、图书馆、精密装配	500 ～ 700
非常精密	制图、色形检查、电子产品装配	1000 ～ 2000

10.2.1.2 照明均匀度

在满足空间整体基本照度的情况下，一个空间中不同的活动区域也会有不同的照度要求，例如在卧室中休闲、阅读时的照度要求不同，人们往往会在空间的基础照明之上增设局部照明，此时阅读区与周围环境的亮度差不宜过大，一般应保持3：1的比例，对比过于强烈会产生不舒适感。最大推荐亮度比见表10-2。

表10-2　最大推荐亮度比

条　　　件	最大亮度比
工作表面的照明与周围环境的照明	3：1
工作表面的照明与较远环境的照明	10：1
光源与邻近表面	20：1
视野中	40：1

10.2.1.3　避免眩光和阴影

眩光是指视野中由于不适宜亮度分布，或在空间或时间上存在极端的亮度对比，以致引起视觉不舒适和降低物体可见度的视觉条件。产生眩光的原因一般有两种。一是在视野中某一局部地方出现过高的亮度。例如在居室空间中，直接照明方式可能让光源直射人眼，从而产生不舒适眩光，可采用间接照明方式。再如夜晚休息时，室外过高的亮光照入室内造成眩光污染，影响人们休息。二是时间或空间上存在过大的亮度变化。例如人们夜晚夜起时开灯，亮度过高会让人无法睁开眼睛，应使用可调节亮度的灯具以满足不同活动状态的需要。眩光与光源位置的关系见图10-6。

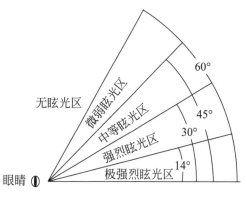

●图10-6　眩光与光源位置的关系

10.2.1.4　暗适应

（1）照度平衡

当工作面上的照度不稳定（闪烁或忽明忽暗）或分布不均匀，作业者的视线从一个表面移到另一个表面时，则发生明适应或暗适应过程，在适应过程中，不仅眼睛感到不舒服，而且视觉能力还要降低，如果经常交替适应，必然导致视觉疲劳。在照明设计时应考虑各个空间之间的亮度差别不应太大，进行整体的照度平衡。

（2）黑暗环境的照明

某些活动往往要在比较黑暗的环境中进行，如电影院、舞厅、声光控制室等。在这种环境中既要有一定亮度局部照明，以便能看清需要的东西，又要保持较好的对黑暗环境的暗适应，以便观察其他的较暗的环境，因此，只能采用少量的光源进行照明，在黑暗环境下多用较暗的红光照明。

再如，飞机内的照明。飞行员在夜间飞行时要既能看到机舱内的、各种仪表显示，也能看到机舱外的世界。旧有的机舱照明是采用荧光，因为飞行员在夜间飞行时要看舱内、外两种不同亮度的环境，人的视觉特点是由亮处转移到黑暗的环境下，眼睛要经过暗适应，经过人体工程学对光的波长范围、亮度、适应度的研究后发现驾驶舱内照明应用红光，这样飞行员才能兼顾到舱内、外的一切。

10.2.1.5　灯光色彩

灯光色彩各种光源都有固有的颜色，而光源的各种各样固有的颜色可用色温来表示。当热辐射光源（如白炽灯、卤钨灯等）的光谱与加热到温度为 T_c 的黑体发出的光谱分布相似时，则将温度 T_c 称为该光源的色温，其单位是K。各种光源的色温度见表10-3。

表10-3　各种光源的色温度

光　源	色温度/K
太阳（大气外）	6500
太阳（在地表面）	4000 ~ 5000
蓝色天空	18000 ~ 22000
月亮	4125
蜡烛	1925
煤油灯	1920
弧光灯	3780
钨丝白炽灯（10W）	2400
钨丝白炽灯（100W）	2740
钨丝白炽灯（1000W）	2020
荧光灯（昼光灯）	6500
荧光灯（白色）	4500
荧光灯（暖白色）	3500
金属钠铊铟灯	4200 ~ 5500
金属镝铟灯	6000
金属钪钠灯	3800 ~ 4200
高压钠灯	2100

光源的色温应与照度相适应，即随着照度增加，色温也应相应提高。否则，在低色温、高照度下，会使人感到酷热；而在高色温、低照度下，会使人感到阴森的气氛。

如何正确地进行室内灯光色彩设计，已经逐渐成为人们考虑的又一重大事情。在家庭装饰中，灯光设计切忌使人眼花缭乱和反差太大。首先，考虑的当然是健康；第二，要考虑协调；第三，考虑功能。

色彩对人的心理和生理有很大的影响，一般来讲，蓝色可减缓心律，调节平衡，消除紧张情绪；米色、浅蓝色、浅灰色有利于安静休息和睡眠，易消除疲劳；橙色、黄色能使人兴奋，振奋精神；白色可使高血压患者血压降低，心平气和；红色易使人血压升高，呼吸加快。

狭小空间要选用乳白色、米色、天蓝色，再配以浅色窗帘这样使房间显得宽阔。墙壁颜色是绿色或蓝色，可以选用黄色为主调的灯饰，如果是淡黄色或米色的墙漆，可以用吸顶式的日光灯。

卧室的灯光应该柔和、安静，比较暗。不要用强烈刺激的灯光和色彩，而且应避免色彩间形成的强烈对比，切忌红绿搭配。

黄色灯光的灯饰比较适合放在书房里，黄色的灯光可以营造一种广阔的感觉，可以振奋精神，提高学习效率，有利于消除和减轻眼睛疲劳。

客厅可采用鲜亮明快的灯光设计。由于客厅是个公共区域，所以需要烘托出一种友好、亲切的气氛，颜色要丰富、有层次、有意境，可以烘托出一种友好、亲切的气氛。

餐厅可以多采用黄色、橙色的灯光，因为黄色、橙色能刺激食欲。如图10-7所示。

卫生间灯光设计要温暖、柔和，烘托出浪漫的情调。

厨房对照明的要求稍高，灯光设计尽量明亮、实用，但是色彩不能太复杂，可以选用一些隐蔽式荧光灯来为厨房的工作台面提供照明。

房间的转角处通常是光线较暗的地方，可以在转角处用乳白色、淡黄色的台灯作装饰和调节照明，而对于采光不好的房间来说，选用浅鹅黄色是不错的选择，给人温暖、亲切的感觉。

●图10-7 餐厅多采用刺激食欲的黄色、橙色灯光

10.2.2 艺术性

好的照明设计是技术与艺术的完美结合，它不仅要满足室内"亮度"的功能性要求，还要起到烘托环境、气氛的艺术性作用。照明设计应注重艺术、文化品位和特色。

发光二极管（LED）技术的不断成熟与发展，给照明艺术化带来更多的发展空间。在近几年的照明设计行业中，出现了不少关于艺术照明的设计理论与实践运用。

10.2.2.1 情景照明

家是包容所有喜怒哀乐的地方，无论晴天还是雨天，夏季还是冬季，二人世界还是朋友聚会……如何让身边的情景更切合使用者的心情，除了装修、改变摆设等方法之外，还有一个最简单、最直接也最有效的方法，那就是情景照明。

跟颜色一样，不同的色温表达的情感也不同，举个最简单的例子，选择同样显色性的而不同色温的光源，营造的光环境效果不同的光色给人们以不同的心理感觉。低色温给人一种温馨、舒适、经典的感觉，比较适合感性的一面，例如聊天等；中色温给人的是一种清爽、激情、时尚的感觉，适合阅读、用餐等；高色温给人的是一种纯洁、清新、明快、严肃的感觉，比较适合理性的一面，例如工作、操持家务等。为了迎合人们对照明的更多需求，情景照明从商业空间逐渐延伸到家居空间。

飞利浦照明Hue智能照明系统，令灯光变得更加"聪明"。用户可以使用IOS或安卓的智能手机，轻松操控和创造各种家居照明效果。可以使用Hue从相片中获取色调，用灯光装扮家居，根据不同家居活动，选择灯光帮助休息、工作，或设定时间用灯光早上唤醒用户起床。还可以与iPhone手机、iPad的音乐播放器连接，感受这套灯光随着音乐舞动（图10-8）。

● 图10-8 飞利浦照明Hue智能照明灯具

10.2.2.2 情调照明

情调照明，是用光和色彩，把人的情绪和所处环境高度统一起来，让人的精神在一种意境中得到释放和升华。如果你精神喜悦，那么适当的红光可以释放你的感情；如果你情绪低落，那么适当的绿色光照可以平静你的心情。

光照和色彩，可以表达一种精神意境，使人的心理需求得到满足。

情调照明，它以场景、灯光和人的情绪的彼此呼应，来营造出一种可以满足人的精神需求的光环境。佛山市照明灯具协会会长吴育林表示，现代医学和绘画理论早已证实，色彩和光线一样，也会对人的生理、心理产生影响。它不但影响人的视觉神经，还进而影响心脏、内分泌机能、中枢神经系统的活动。西方心理学家也指出，红色、橙色、黄色、绿色、蓝色、紫色等对人的生理有不同的影响。

红色：刺激和兴奋神经系统，增加肾上腺素分泌和增进血液循环。

橙色：诱发食欲，帮助恢复健康和吸收钙。

黄色：可刺激神经和消化系统。

绿色：有益于消化和身体平衡，有镇静作用。

蓝色：能降低脉搏、调整体内平衡。

紫色：对运动神经和心脏系统有压抑作用。

也许正是对光照和色彩功能有深刻的了解，吴育林才把LED应用技术和光学理论、色彩学理论高度结合起来，从而创造了"情调照明"这一模式。

●图10-9　情调照明

情调照明与情景照明有所不同，情调照明是动态的，可以满足人的精神需求的照明方式，使人感到有情调；而情景照明是静态的，它只能强调场景光照的需求，而不能表达人的情绪，从某种意义上说，情调照明涵盖情景照明（图10-9）。

●图10-10　在厨房空间中应采取一般照明与重点
照明相结合的方式

10.2.3 节能性

在进行照明设计时，首先，应根据照明标准选取合理的照度值，不应过高或过低；其次，选择高效节能的灯具；再次，采用合理的照明方式，因为不同照明方式的光通量利用率不同，以直接照明方式为最高、间接照明最低，但间接照明亦有其独特的优点，例如避免眩光、光线柔和雅致，所以应根据不同空间的功能性和艺术性要求综合考虑，选择合适的照明方式。

比如，在厨房空间中，应采取一般照明与重点照明相结合的方式，对精细工作区域进行重点照明，如在高柜下安装暗藏灯带，既可均匀照亮操作台面又可有效避免眩光（图10-10）。

10.2.4 经济性

照明设计的节能性是保证经济性的前提，因为节能措施减少了不必要的电力浪费，从而降低了经济成本。另外，在灯具的选择上也不是越贵越好，应选择适合空间环境的灯具外观和绿色环保的材料，在不影响使用功能和审美效果的前提下，尽量做到经济实惠。

10.2.5 统一性

在进行居室空间设计时，务必要注重艺术风格的统一，照明设计作为空间设计的重要元素，更需要统一于整个空间环境。在进行照明设计时应注意，灯具的外观造型、材质、色彩应该呼应整个空间环境，优秀的灯具也是一件点缀环境的艺术品；灯具的照明方式应符合空间的使用功能和意境营造；另外，适合的光源颜色能够加强空间的艺术氛围。

如图10-11所示，古色古香的灯具成为田园风格空间的点睛之笔，古老而不失陈旧，黄色的灯光更添古朴气息。

●图10-11　古色古香的灯具成为田园风格空间的点睛之笔

10.2.6 安全性

安全性是任何空间都不容忽视的重要因素，现代照明以电为能源，需要保证线路、开关、灯具安全可靠，布线和电气设备都应符合消防需求。

10.3 照明设计的运用

10.3.1 根据活动需要选择光源色温

● 图10-12 中色温适合用餐、娱乐等活动

跟空间中物体的色彩一样，光源不同的色温也能传达出不同的感情，制造不同的空间氛围。例如，选择同样显色性的而不同色温的光源，营造的光环境效果不同的光色给人们以不同的心理感觉。低色温颜色偏暖，给人一种温馨、舒适、经典的感觉，比较适合放松的活动，例如聊天等；中色温给人的是一种清新、明快、激情、时尚的感觉，适合用餐、娱乐等活动，如图10-12所示；高色温给人的是一种清爽、纯洁、冷静、严肃的感觉，比较适合相对理性的活动，例如工作、阅读、操持家务等。

10.3.2 用光线勾勒空间造型

将光源与空间造型相结合，用光线衬托和强调空间造型。恰到好处的光线运用可以增强空间物体的立体感，凸显材质肌理，形成特殊的视觉效果，给人不一样的空间视觉感受。如图10-13所示，在开放式厨房的中岛式橱柜下方安装暗藏灯带，勾勒出中岛式橱柜的造型，营造出轻盈、悬浮的感觉。

● 图10-13 开放式厨房的中岛式橱柜下方暗藏灯带的设计

10.3.3 利用光源位置高度营造不同心理感受

　　光源的位置高低能够影响人的心理感受。有实验表明，光源高度越低，人越有安全感，因为当光源较高并能够照出人脸的清晰表情时，人在环境中的私密感降低。如图10-14所示，夜晚的庭院就像一个秘密花园，可以和家人或好友聊天、看星星，放松身心，低矮的光源营造出静谧、稳定、放松的环境氛围。

●图10-14　庭院灯光设计

10.3.4 将光与空间材质相结合营造特殊氛围

　　将光源与空间材质相结合，营造特殊氛围。在居室照明设计中，光源往往以两种形式呈现，一是光源外露，如筒灯、射灯等；二是选用带有各式各样灯罩的灯具。我们可以考虑将光源与空间材质相结合，在保证安全可行的基础上创造出特殊的照明效果。如图10-15所示，地面上星星点点的光源与喷泉结合，形成流淌多变梦幻的视觉效果。

●图10-15　光与水的结合

葡萄牙 SERIP 灯具展厅

① 如图10-16所示，黑区与白区里，设计师根据SERIP的产品设计了些人造光，黑区放置了一些水晶灯，可以将灯本身的价值与在空间中的光感体现得淋漓尽致；白区则是放置了一些造型也很好看的灯，这些以独特手工吹制的玻璃艺术品的灯具在这里得到了完美展示。

② 建筑外立面，设计师没有去强化建筑本身，而是用切片隐藏了建筑主体。白颜色的切片形成了这个园区的主视点，当阳光洒下来，根据时间的变化，切片形成的光影也随之改变。而且这个造型是没有明显的入口的，完全统一的造型，体现了整个展厅的独立性。

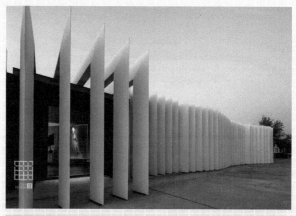

●图10-16　葡萄牙SERIP灯具展厅

③ 空间中增加一些灰色墙体，在黑白空间之间形成一个个独立的区域用来作为灯具的背景展示。

11

环境艺术设计的材料应用

11.1　木材

11.1.1　认识

在有文字记载之前，木材就已经被用于建造房屋，并且是最为人熟悉和青睐的材料之一。因为在被砍伐之前，木材是一种生物，它的组织与人类皮肤的细胞结构类似，因此它能传递一种触觉上的温暖感。木材坚硬、质轻、温暖并且触感好，但和任何自然材料一样，容易受到侵蚀。同时它有助于创造和毁灭：可以用于建造房屋，也可以作为燃料。据建筑师路易斯·费尔南德斯·加利亚诺（Luis Ferndndez-Galiano）所说："原始棚屋和原始的火是分不开的"这种耦合解释了"建筑从神话、仪式或意识中诞生的这个奇异而不可重复的时刻"。

石头和木材与最初的居所形式有关。石头代表着被发现的地方（山洞），木材意味着被建造的地方。建筑师保罗·波尔托盖西（Paolo Portoghesi）说："在中国古代，表示'树'和'房'的字符非常像，以至于很容易弄混。树就是原始人的家，被砍下来的树干就是庄严的柱子的原型"。实际上，石柱及其叶形装饰就是抽象的树的形象，前新石器时代结构就是由此而来的——设计的树林或者原始森林的建筑学变体。

木材源于转化到生物体内的物质和能量。这是一种木质纤维材料，运输营养和水分的植物组织维管束为其提供了结构支撑。木质由刚性的、沿液体流动方向伸长的细胞组成。木材是一种高强度比的异向性材料，异向性意味着在不同方向有着不同的特性。它还具有吸湿性，可以从环境中吸收或吸附水分子。木材的热导率低，一棵树就是一个碳存储库，它在整个生命周期中将二氧化碳转化为氧气，将碳存储起来。

30000多个树种在特征上展现了非常可观的多样性，其中常用于工业的有500多种。木材品种被分为软木和硬木。软木来源于常绿乔木，结构相对简单；硬木来源于落叶阔叶树，它的形成较为复杂。在建筑中，软木一般用于结构框架和面板，而硬木一般用于木制品和饰面。

11.1.2　发展及应用创新

工业革命导致高度工程化的建筑构件的大规模生产，包括为特定功能而改造的木材。这种发展不仅促进了小型建筑（比如单个家庭住宅）的快速建造，还催生了一种更关注成本而不是创新的产业。因此著名的现代木建筑作品都十分明确地要发掘该种材料的独特优点——如温暖、轻盈和雕塑般的流动感。这些优点是传统木建筑形式所没有体现出来的。

● 图 11-1　纽约世博会芬兰馆

阿尔瓦·阿尔托调整了赖特的有机建筑理念，尝试寻求一种更加人性化的审美，他意识到木材加工日益机械化需要如此。这种审美强调木材固有的温暖和触感，以及它在弯曲胶合板家具中实现的可塑性的优点——目标是"给生命一个温和的建筑"。阿尔托著名的纽约世博会芬兰馆不仅体现了温暖和触感，还彰显了它的宏伟壮观。当游客进入这个简单直线形的建筑后，立马就会看到近16m高的蛇形墙，这座竖直木条组成的墙上间隔悬挂着芬兰工业生产的照片。巨大的波浪状表面向外倾斜、引人注目，似乎在强调芬兰原生林的庄严和不稳定（图11-1）。

费·琼斯设计的索恩克朗教堂展示了木材的宏伟和精美。该教堂于1980年建在阿肯色州尤里卡温泉旁边的一个森林里面，这座7.32m×18.29m×14.63m高的建筑显得比它自身的规模大得多。从卵石地基上跃升起来一个由标准木材部件组成的复杂薄挡丝网状结构，而这些部件都是靠步行运送到偏远的工地。内部空间由一系列被严密隔开的格子结构界定，这种结构让人想起哥特式建筑和557.42m² 玻璃立面周围的树林。教堂看起来很脆弱，木材部件的中间交叉点又增强了这种感觉，将人们认为应该要加固的地方空了出来（图11-2）。

11.1.2.1　突破性技术

在建筑实践和学术研究中，木材是最常见的建筑材料，因为它在小型建筑、家具制造和模具制造中占据着支配地位。传统木工艺的优点和缺点因此被广泛了解。然而近来木材和基于木材技术的进步悄悄揭示出一个广泛的、根本性的转变，这个转变是由对再生资源不断增加的兴趣和材料性能的提升引发的。

木材容易腐烂是众所周知的，因此人们开发了多种防腐方法来抑制建筑工程中木材的腐烂。发明家约翰·贝瑟尔发明了煤焦杂酚油（一种木材防腐剂），使用这种防腐剂的压力注入工艺在现在仍然是压力处理木材的基本方法。然而，由于煤焦油杂酚油和其他普通防腐剂一样可致癌，而且在地下水中不会很快降解，因此它们受到越来越多的法律限制。

幸运的是现在出现了更多既可以提高木材的耐久性又对环境负责的木材防腐方法。乙酰化木材是一种耐用的实木，它的生产过程是用化学方法转变木材的细胞结构使其具有抗水性，这种方法避免了向木材里注入毒性物质。这种改变可以抵抗腐蚀、膨胀、收缩、UV降解、虫蛀和发霉。Kebonization是另一种木材防腐的方法，它的处理工艺对环境的危害较小。糖工业的生物废弃物转化得来的液体可以加强木材的细胞壁强度，使其比没有处理过的木材更坚硬，更致密。这种不可逆的过程将液体聚合物永久地注入木材中，可降低50%的膨胀和收缩。

还有其他方法可以使木材具有前所未有的柔韧性。发明家克里斯汀·卢瑟（Christian Luther）在1896年发明了热板压机，生产出了曲线形状的胶合板。一个世纪以后，发明家阿希姆·穆勒发明了一种薄木片的制模工艺，使精密制造精巧的复合曲线几何图形成为现实，这在以前几乎是不可能的。Bendywood是意大利Candidus Prugger公司制造的一种可弯曲木材，这种木材通过蒸汽加工和纵向压缩制成，在寒冷和干燥的条件下可以轻易弯曲到曲率半径为厚度的10倍程度。因为没有添加任何化学药剂，这种工艺比传统的弯曲和压合技术更环保。其他技术使人们可以制造复杂的几何形状，以达到引人注目的视觉效果，并且提高声学性能。

● 图11-2　索恩克朗教堂

分布日益广泛的计算机控制加工工业，如激光切割和电脑数控打磨，使加工过程可以在建筑工地进行，降低了运输能耗并节约了时间。制造商顺应这一趋势，专门为数字化生产设计了新型复合板。这些板材通常由被压缩成轻型芯材料的薄木片组成，可用于精确的激光切割和画线。其他数字化处理方法使图片或其他图像内容得以应用到木材以及其他基于纤维素的纤维材料商。

石油的短缺已经将需求转向可再生资源。随着木材产品的竞争更加激烈以及对林业管理的检查更加严格，制造商越来越积极地开发非传统的纤维材料以增加现在的木材供给。制造商开发了由农作物材料制成的建筑产品，比如小麦和高粱不能食用的部分，因为这些材料比树木生长得更快，并且通常被视为废物。应用的例子包括装饰板，用于替代薄木片和结构隔热板（SIP），SIP由叠在一起的定向刨花板（OSB）制成，中间的芯是提供隔热效果的压缩农作物纤维。另一种替代纤维材料则源于入侵植物物种，这种物种生长快，侵害并且替代了当地植物。制造商可以从受影响的地区除掉这些寄生植物，用它们做新建筑产品和家具。

产生的另一种纤维产品是木材和塑料的结合体。这种材料具有和木材类似的性质，但是可以像塑料那样注塑。在一种工艺中，自然木材被注入丙烯酸类树脂，创造出一种更耐久、多维稳定的材料，这种材料可以防止凹陷和水渗透。

11.1.2.2　创新性应用

更结实、更轻、更耐久的木制品的发明与所有建筑材料的科技轨迹类似。尽管建筑规则常常会限制木材在防火建筑中的使用，建筑师已经想象到木材在预期的"碳水化合物经济"到来时的大胆应用。对曼海姆多功能厅的展览空间来说，奥托和布罗·哈波尔德公司就设计了一个由木架构成的大跨度木板格行。木材网在地面上制成，然后被吊到相应位置制成双曲面外壳。手冢建筑事务所在木网中创造了一个空间结构，木网是日本箱根露天博物馆的一个亭子。近600根大木梁被堆积在一起，创造了一个部分封闭、不规则的圆屋顶，在没有金属制成的情况下，占地面积超过520m²。

建筑师们也希望用其他可再生材料替代木材，比如纸和竹子。坂茂很多用纸管做成的作品展示了这种看似"柔弱"材料的惊人的结构能力。坂茂为2000年德国汉诺威世博会日本馆设计的纸管网格薄壳结构，因其可回收利用的建筑特性而吸引了全世界的关注（图11-3）。

限研吾工作室设计的位于北京郊外的竹屋，包含了由规则排列的竹子制成的透光层——这个应用给人一种错觉：这种材料是纤弱且没有重量的（图11-4）。

●图 11-3　坂茂为 2000 年德国汉诺威世博会日本馆设计的纸管网格薄壳结构

●图 11-4　隈研吾工作室设计的位于北京郊外的竹屋

 案例

台北白石画廊室内设计

2017 年 4 月在台北开设的白石画廊（whitestone-gallery）邀请日本建筑师隈研吾先生操刀设计，呈现具革新性的当代艺术展示空间。

隈研吾（Kengo Kuma）以"负建筑"设计享誉盛名，在拿下 2020

●图 11-5　台北白石画廊室内设计

年东京奥运主场馆设计后，更加奠定他国际级的建筑地位，近年来，隈研吾不论规模大小，持续在世界各地写下精彩的空间创作，用具标志性的设计手法传达与自然和谐之理念。

台北白石画廊是隈研吾首度进行画廊空间设计，他为台北白石画廊进行的定位是：尝试创作一项既不属于建筑，也非室内设计的作品。位于内湖采风国际大楼1~2楼的案场，自然非建筑范畴，然而，精于天然素材运用与结构计算的"负建筑"大师，仍将有机建筑理念注入室内装修与家具设计，透过水平排列的桧木木材制造凹凸构筑，让空间"长"出生命力蓬勃的门面，吸引路人走进都市森林"深"入探询，体验现代、当代艺术的一步一境界。

正如隈研吾所表达的，"我不只希望设计画廊空间，连同卧榻、书架、楼梯……都用相同语汇一气呵成，尽管材料相同，不断调整、改变角度，就能产生种种不同氛围，也孕育各式各样的活动空间。就如同人的脸孔，我不只帮画廊做表面设计，也包括厚度与深度。"

11.2　金属

11.2.1 认识

金属是最能反映人类文明程度的材料，例如银器时代、铜器时代、铁器时代。在人类历史长河中，金属一直是现代化的象征——从早期的青铜工具一直到现在源于纳米技术的非晶态金属，都一直在推动着社会的进步。作为工业革命的最主要的原材料，金属既是工业化有力的推动者，又促进了技术的日益成熟与完善。

当然，如果过于冒进地进行工业化时，会给人类的健康和环境带来负面影响，这一点可以从维多利亚时代的英国得到印证。但是，工业化带来更多的是经济的发展、技术的进步以及文化的提升。建筑评论家雷纳·班纳姆指出，尽管烟囱林立的维多利亚工业时代的机器大多是笨重拙劣的，而且是由远离城市文明中心的工人操作的，但是在20世纪初期的第一机械时代情况却并非如此，当时的机器是轻巧、精细、清洁的，而且住在新型郊区的工程师们在家就可以操纵这些机器。

从古到今，金属都能很好地展现出力量和美感，而这两点恰恰是人类文明追求的落脚点。

无论是古代的青铜兵器，还是现代的钢铁轮船，都是人类追求力量的缩影，同时也反映了人类的征服欲和控制欲。同样出于对力量和美感的追求，金属也应用在建筑中，比如金属在建筑结构和外表的应用。从有着宽大边缘的钢铁圆柱到装饰用的金银饰品，金属作为一种建筑材料很好地展示了它的多样性，正如班纳姆所言，融笨重和精巧于一身。

11.2.2 发展及应用创新

现代金属在建筑上的应用与工业产值和技术进步有着密不可分的关系。建筑师们借助于机器之力，把裸露的金属结构和表层应用到公共建筑和住宅建筑之上，取代了之前的砖石、木材或者土质材料。这一行动恰恰印证了机器带来的活力和新功能会促使建筑步入新的高度——更为精致而且实用。

密斯·凡·德罗的建筑力作范斯沃斯住宅坐落在伊利诺伊州普莱诺市南部的福克斯河右岸，它试图去打破人与机器之间的不稳定关系。这座住宅是为医师范斯沃斯设计的，它的模型于1947年在现代艺术博物馆展出，它是现代主义建筑的一个杰作，而且是20世纪最具代表性的建筑作品之一。这座住宅的结构是一个精致的钢架支撑起混凝土板屋顶以及连接地板和天花板的玻璃幕墙，整座住宅处于两个水平平面中间，由此营造了一个开放连续的居住空间，并产生一种住宅悬浮的效果。密斯有意将结构连接处设计为浑然天成的感觉，并且将架构的钢材喷成白色，从而使住宅整体上显得优雅纯粹。尽管居住者会因为隐私得不到保护而不乐意居住于此住宅内，然而这并不能阻碍范斯沃斯住宅成为密斯将大规模的工业化与个体追求自由化相结合的最富有思想的一次尝试（图11-6）。

●图 11-6 范斯沃斯住宅

11.2.2.1　环境压力

采矿业会对生态环境造成影响，并且消耗大量自然资源，会引起土壤侵蚀、生物多样性锐减以及土壤和地下水污染。在对可用矿床的找寻过程中，会很大程度上改变地表结构，大量土壤被移除和破坏，使现有的生态系统受到干扰。

从矿石中提取金属化合物的过程是种会涉及氰化物使用的有毒过程。金属生产也是出了名的高能耗。还有十分重要的一点是，现代金属的生产几乎完全依赖于不可再生的原材料。由于20世纪对于金属的大规模的利用，导致现在常见金属矿物的储存量迅速减少。美国地质调查局的数据显示，铅和锡的储存量只能够维持不到20年具有经济效益的开采，铜能维持22年，铁能维持50年，铝能维持65年。

许多金属对于人和其他一些生物的健康而言也是有害的。尤其是一些有毒金属，例如铅、汞、镉，对于这些金属必须进行严格的管理控制。1988年，美国环保局认定的16种对人类健康最为有害的物质中，金属及其化合物就占77个。然而一些其他的金属，例如不锈钢、钛合金、钴合金则对人体健康十分安全，甚至可以植入人体内。

金属的最大的好处之一是它的可回收性。与其他很多材料不同，大多数金属可以较为容易地被回收利用，而且金属不会随时间而降解。此外，回收利用金属（也称作二次生产）的物化能要远远低于初级生产，对铝而言是10%，对于不锈钢而言是26%。金属回收利用的巨大的环境和经济效益会激励闭环生产和消费的扩展，在闭环生产和消费中，所有的废料被当作技术养分来重复利用制造新的材料。

11.2.2.2　突破性技术

金属给环境带来的压力促进了技术的突破性发展。金属技术上的进展主要集中在对于其性能的加强。其中一个目的是通过改变合金的配方或者采用更为复杂的结构形状来达到更高的强度重量比。另一个目的是通过研制更为稳固的表面来克服金属固有的不稳定性，以适应更为恶劣的环境。通过20世纪中期对于此项技术的深入研究，金属可以用在一些对于材料要求最为苛刻的建筑上。

因为金属具有很高的韧性，所以受到军事和航空航天行业的青睐。在微观结构上使用几层不同的合金时，金属被证实能够承担更高的负荷。复合合金板又被称作周期性多孔材料，它是利用轻质金属形成蜂巢状、柱状结构，或者是两个片层夹着的晶格结构。这种结构可以应用到对安全性要求较高以及易发自然灾害的环境中，以提供良好的爆炸和弹道防护。复合型面板有着多种多样的结构，例如表层用金属覆盖而芯是聚苯乙烯，或者是表层是透明的聚合物而芯是蜂窝状的金属结构。泡沫状金属的细孔中充有大量的空气，随着这种金属发展，它也能制造一些具有高刚度、低重量、高吸收能量水平的材料。其中泡沫铝和泡沫锌可以以最少的原材料来达到一定水平的抗冲击性、电磁屏蔽、共振降低、吸声降噪，而且还可以100%回收利用。

鉴于金属的高光泽和延展性，金属经常被用于一些对颜色、光洁度和纹理效果要求比较高的应用之上。金属微粒和聚合树脂使用先进技术堆焊制成的复合材料可以被用来做垂直抛光处理。它的复合表面包括将金属颗粒铸入纤维增强聚合物（FRP）中，以及将工业化后废金属铸入透明橡胶中。

金属被应用于各种先进的数字化制造流程中，例如由弯曲的复杂形状的金属板基于算法推导而制成的金属系统。复杂的形状可以提高其机械性能和视觉效果，而且比挤压和轧制成型技术更经济节约。

关于金属最有意思的一个进步是形状记忆的发展。1962年科学家威廉·比埃勒和弗雷德里克·王在等量的镍和钛组成的合金上发现了金属的这个特性。为纪念它的出产地，这种合金被命名为美国海军军械研究室镍钛合金，简称镍钛合金，它不仅呈现了形状记忆的特性而且具有超强的弹性。镍钛合金能将自身的塑性变形在某一特定温度下自动恢复为原始形状，这个特性使它被广泛地应用在生物医学设备、联轴器、制动器和传感器上。研究人员曾尝试将形状记忆合金应用在建筑上面去制造活动遮阳系统，因为记忆合金会根据外部环境改变自身的形状，以此达到更大限度的遮阳效果。

11.2.2.3 创新性应用

金属依然可以影响建筑未来的走向。虽然在20世纪的钢铁时代金属经历了它的极盛时期，但是今天不断创新的新型数字制造技术依然继续改进金属的生产。如今结构工程师们利用先进的软件去计算复杂的结构组成，使得一些在10年前因为结构的不确定性而无法建成的建筑现在可以被建造。基于这些先进的模拟技术，建筑师和工程师可以通过密切的合作来描绘一个建筑物外形的表现形式，以此来增强设计的真实性。

这种综合方法可以使建筑结构负荷在视觉上呈现出来，揭示出对于结构组件的尺寸和数量的需求，使材料的利用更为高效。在建造过程中，金属部件可以在电脑的计算下被精确地制造，从而在确保高质量水平的同时尽可能地减少浪费。

▼▼▼ **案例**

彼得森汽车博物馆新馆

彼得森汽车博物馆（Petersen Automotive Museum）始建于1994年，以展出历史上的著名豪华汽车而出名，是一家非营利性的汽车博物馆。

改造方案由国际大牌建筑设计公司Kohn Pedersen Fox（KPF）设计，建筑由外银内红（Red Hot Rod红色跑车）的波浪形不锈钢金属板包裹。这些金属飘带共计308条，每一条都不同，都经过了单独的设计。

整个建筑表皮框架由25根竖向钢柱与横梁支撑。每一块金属由外露的螺栓固定，模仿20世纪早期的汽车制造工艺中使用的铆钉，共用去14万只螺栓。除了像方便面之外，当夜晚灯光亮起后，还有种孕育了巨大能量的随时待发的超级发动机，给人强烈的速度感（图11-7）。

● 图11-7　彼得森汽车博物馆新馆

11.3　玻璃

11.3.1 认识

玻璃是一种游离在物质实体和感知状态之间的材料。玻璃的物理特性坚固，但玻璃也被叫作"过冷液体"。实际上，它介于固体和液体之间，是一种冷却到非晶态固体的、被称为无定形固体的无机材料。在建筑中，玻璃因为其透明性而被广泛使用，并常常被看作是无形的；然而，根据玻璃的特性和与光源的相对位置，玻璃也可以高度反光或不透明，从而呈现出"凝固"的物体特征。而且，玻璃在建筑中的使用是一个巨大的矛盾，因为采用一种透光且抗热性差的材料，可能危及建筑最主要的功能——遮蔽和保护。这些关于玻璃的多种看法，使得人们对于玻璃的重要性和科学使用方法展开了激烈辩论。

由于在现代建筑中，玻璃是最主要的透光材料，玻璃成为了透明的同义词，并且与技术进步、可达性、民主、选举权以及暴露和失去隐私相关联。许多建筑师将玻璃视为一种可以直接沟通内部和外部的无形物质，另外一些建筑师欣赏玻璃不仅仅是因为它有透光作用，更重要的是它具有折射和阻隔光的空间组织能力。建筑理论学家柯林·罗和罗伯特·斯拉茨基指出，由于概念本身固有的矛盾性，透明度作为一个物质条件，满载了含义和理解上的多种可能性，透明度常常不再是完全清楚的，而是模棱两可的。

11.3.2 发展及应用创新

纵观中世纪起开始的在建筑中使用玻璃的行为，能够发现，从高超的哥特式风格彩窗到19世纪的温室建筑，经过短短几个世纪，玻璃实现了从轻薄的易损物质向精致坚硬窗饰的转变。

整合玻璃和铁的技术在1851年建造水晶宫的过程中得到了很好实行，这座建筑被认为是推动现代运动的重要标志。它由约瑟夫·帕克斯顿设计，长564m，高3m。建筑使用了大量预制构件和镶嵌玻璃，在9个月里使用了83600m的吹制玻璃。水晶宫的影响力巨大，成为了铁和玻璃建筑的典范，铁柱、铁艺护栏和玻璃模块的搭配，成为当时大型车站、仓库和市场的标准结构（图11-8）。

●图11-8 水晶宫

●图11-9 菲利普·约翰逊的玻璃住宅

　　如果不提及菲利普·约翰逊的玻璃住宅，那么对于现代玻璃建筑的历史回顾将是不完整的，玻璃住宅是他在1949年为自己设计的位于康涅狄格州纽卡纳安的住宅。设计灵感来自19世纪20年代德国建筑师的"玻璃建筑"理念，玻璃住宅的设计比密斯的著名的"范斯沃斯"还要早，它是约翰逊在建筑界尊定地位和知名度的重要作品。

　　该建筑本身是一个非常纯粹的表现，仅仅是一个巨型玻璃盒子。透明空间的对面是与之辩证存在的"对立物"——不透明的客房，这种设计体现了约翰逊设计中的折中思想和某种躁动的个性。直径为3m的红砖柱筒包含壁炉和浴室，将内部空间分为三个相等部分。建筑的细节处理十分讲究，平滑光亮的钢结构尽可能地贴近玻璃的内表面，以减少阴影和最大限度增加透明感和反射效应（图11-9）。

11.3.2.1　环境压力

　　用于制造玻璃的材料十分广泛，其主要成分二氧化硅是地壳中含量最多的物质。然而，提纯后的二氧化硅由于受开采水平所影响，能储存的量并不大。另外，制造玻璃使用的添加剂也会造成环境问题。比如用来提高化学稳定性的氧化铝，就需要对铝土矿进行能源密集型的加工。虽然二氧化硅是惰性和无害的物质，但吸入二氧化硅粉尘会对肺产生刺激，导致矽肺和支气管炎——操作喷砂设备工人的常见职业病。吸入镁氧化物气体也是危险的，会导致金属烟热。

　　像许多建筑材料一样，玻璃在制造过程中需要大量的能源。二氧化硅的熔点超过1700℃，虽然常用的添加剂可以将门槛降到1200 ~ 1600℃。玻璃制造中使用的炉灶以及运输产品所需的能源导致每生产1t玻璃会产生2t二氧化碳（或12.7J/kg的物化能）。

　　玻璃是高度可回收的，目前已经建立起工业后和消费后玻璃的回收方式。可重新利用的废弃玻璃叫作碎玻璃，常用来制造多种产品，如混凝土台面和工业磨料。碎玻璃最初主要来自回收的玻璃瓶，而建筑玻璃等其他玻璃最终被填埋了。而且，透明玻璃会被优先回收，有色玻璃常常不被回收。减少建筑工地废弃物的实践和多种玻璃回收市场的扩大，能够提高碎玻璃的利用率。

　　目前建筑玻璃带来的最严重和最具争议的环境问题是建筑物的能源消耗。尽管中空玻璃单元（IGU）在能源效率方面做出很大改进——在两层或三层玻璃中间注入惰性和绝缘气体，如氩、氪、氙，但玻璃在建筑保温方面仍然表现不佳。因此，现代能源法规通常规定建筑外墙使用玻璃的最大面积比例直接影响到建筑设计。

最终玻璃所占的比例是建筑师和使用者（希望更好的透光性和视野）与官员和建筑所有者（希望减少能耗）共同协商和斗争的结果。而且，环境评级体系直接将整个建筑的机械工程性能与建筑外观相连，玻璃对太阳能的隔绝能力增加一点，可以在整个建筑的生命周期内显著节省能源。活动玻璃窗打破了外部环境的封闭，将空气引入内部，加剧了这种矛盾和斗争。

11.3.2.2　突破性技术

玻璃的技术革新沿着两条相互冲突的道路前进。一条道路是通过减少几何缺陷、色差、表面异常，制造出尽可能透明、无形的玻璃。这个目标是显而易见的，例如，由添加了抗反射涂层的透明玻璃制成的光滑的店面橱窗。第二条道路是追求材料在形式、结构和美学上的多种可能性——更注重尝试而不是完美，物质性而不是透明性。

新的富钛涂层可以使玻璃具有自洁能力，加强了第一条道路。这项技术使用一种热解涂层逐渐分解掉玻璃表面的有机残留物。下雨时，水冲刷玻璃表面，带走尘埃颗粒和无机灰尘，玻璃变干之后没有斑点和条纹，保证了玻璃的透明度，降低维护成本。

后一条道路在玻璃产品中得到落实，玻璃产品表现出多种几何形状和复杂表面，追求物质性而不是透明度。这些玻璃制品主要用来过滤、控制和表现光线，而不是仅仅透射光线。玻璃也被改进为能够承受更大的压力。例如，防火玻璃由被膨胀层隔开的安全玻璃制成。发生火灾时，膨胀层变得不导热，扩展形成隔热层，阻挡热辐射和传导，形成对烟雾、火焰和有毒气体的整体阻挡。玻璃也可以与高强度夹层材料叠加，或被浇铸到立体结构中（比如吊顶龙骨），以提高载荷能力。

考虑到面临降低建筑外墙能源消耗和改善采光性能的压力，最先进的建筑玻璃产品采用各种技术减少太阳能的吸收和热量的传递，或者采集能量，为建筑提供照明和加热。电致变色玻璃（也叫智能玻璃）加入电流后可以在透明和不透明之间转换。其中一种变色玻璃由镁钛合金薄膜构成，这种变色玻璃制成的切换镜可以很容易地在反射和透明状态之间转换。这种玻璃将建筑和汽车内空调系统的能源消耗降低30%。其他应用电气技术的例子包括，用于夜间照明的低电压LED光源，将玻璃变成热能来源的导热夹层。

建筑上有相当比例的玻璃在白天会受到阳光直射，因此需要遮挡物。能量采集玻璃包含一层太阳能光伏薄膜，在吸收能量的同时也防止眩光。专门的能量采集涂料和薄膜使窗户能够像大面积单极太阳能电池一样运作。一些玻璃系统采用可微调方向的固定微孔遮阳装置来减少吸收太阳能，如大都会建筑事务所设计的西雅图公共图书馆的幕墙，采用扩大的铝夹层来减少太阳辐射和眩光（图11-10）。

11.3.2.3 创新性应用

德国小说家保罗·西尔巴特在他1994年的作品《玻璃建筑》中宣称：很多建筑师的愿望是用透明的玻璃代替坚固沉重的传统砖石。西尔巴特希望用新兴的透明结构改变欧洲城市中已经建立起来的刚性结构，布鲁诺·陶特、密斯以及其他有影响力的现代建筑师被这种愿景所鼓舞。

一个世纪以后，西尔巴特的愿望得到了实现。玻璃幕墙是现在商业建筑的常用外皮，为了提高透明度和可接近性，建筑师继续用玻璃替代各种不透明材料和结构性材料。高强度玻璃和先进的夹层叠加技术的发展，使玻璃系统可以在小尺度结构中代替钢材、混凝土和木材。例如Antenna公司设计的位于金斯温福德的博得费尔德·豪斯玻璃博物馆（图11-11）。

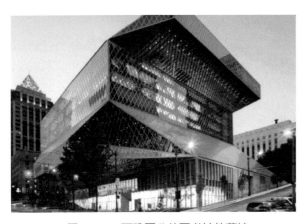

●图11-10 西雅图公共图书馆的幕墙

建筑师也实现了几何复杂性结晶膜的设想，如赫尔佐格和德梅隆建筑事务所设计的东京普拉达青山店，建筑师在一个斜交网格结构中加入了曲线平板玻璃（图11-12）。

颜色也是玻璃建筑中一个有力的设计元素。荷兰NL Architects最近为一家连锁酒店带来了紫晶酒店（the Amethyst Hotel）的设计，外形灵感正源自紫水晶，为了突出紫水晶的治愈性特点，整幢建筑就像被剖开的紫水晶，露出部分看起来相当逼真（图11-13）。

●图11-11 博得费尔德·豪斯玻璃博物馆

● 图 11-12　赫尔佐格和德梅隆建筑事务所
　　　　　设计的东京普拉达青山店

● 图 11-13　紫晶酒店

 案例

英国盖茨黑德大厦

盖茨黑德大厦无疑是当今最吸引眼球的建筑之一。

这座大厦玻璃镜面的设计一改往日城市多以灰色为主，盒状结构建筑物的基调，在阳光的照射下折射出璀璨的光芒，玻璃镜面中折射出尖锐的几何状，或是温柔的波浪形，兼具美观与实用功能性，成为城市中的一道靓丽风景（图 11-14）。

●图11-14　英国盖茨黑德大厦

11.4　矿物

11.4.1　认识

　　土质矿物是被早期原始人用于建造居所和制作工具的基本材料之一。很多古代神话和宗教将水和石分别与人类的肉和骨骼联系起来，他们认为不同稠度的矿物象征性地与身体及其柔软和坚韧的双重特征相联系。考古记录表明在史前石器时代，石器的使用非常活跃，大约9996项的人类活动均涉及石器的使用。从石器时代过渡到青铜器时代基本标志着有记录的人类历史的开始。

　　泥土、石器和陶器是城市化起源的基础，它们给第一批城市奠定了物质形态和规律。由于它们的耐压强度，这些材料适合厚壁低身的结构，这种结构的形成需要将多层泥土叠放并压实，制成基本的承重墙。1000多年以来，这种条纹状的建筑一直展示着其厚重感、存在感和耐用性。

　　现在这种承重墙的使用在工业化国家几乎已经销声匿迹，被框架结构和应用表皮所取代。尽管如此，出现在当代建筑的泥土材料仍然有着承重墙结构的丰富遗产的痕迹。在当代，砖石往往是被悬挂起来或者是依附在框架的外面作为自支撑的表面，这与最初的使用方式大相径庭。然而许多矿产资源易于开采，并且石头和陶制品用作建筑表层十分耐用，这导致泥土材料在建筑建造上的重要性得以保持。

11.4.2 发展及应用创新

土质材料对建筑技术的起源非常关键。石器和陶器的发展以及早期居所的建造，发生在石器时代，这是人类第一个纪元。巨石纪念碑，比如石圈、史前墓石牌坊和石冢，是由巨大的、形状规则的石头制成，它们永久地提醒人们这是那个时代的坟墓和宗教场所。史前巨石柱（公元前3100～公元前1600年）是最令人熟知的例子。

第一个阶梯金字塔，左赛尔金字塔于公元前27世纪建于埃及，为法老左赛尔而建。伊姆霍提普被认为是第一个建筑师，他设计金字塔并监督金字塔的建设，用粗切的图拉石灰石块建起了围墙、柱廊入口和金字塔。用石灰石比用泥砖更为耐久，泥砖是早期的尼罗河谷社会常用的材料，对于居所建设来说便于获得，也被用于早期的埃及坟墓。

左赛尔金字塔是最早使用建筑圆柱的著名建筑之一。左赛尔金字塔的石柱廊包括被雕刻成植物状的石柱——最早将建筑中的木材改成石材的案例之一。希腊人延续了这种方式，发展了基于比例的系统和技术，将用于建筑的石材粗糙的砌块变成精致的专用组件，就如同树木和植物结构那样。

希腊还发展了陶瓷材料，它有着良好的抗压强度和防潮能力。从埃及和美索不达米亚（公元前4000年以前）的陶片和火烧砖发展为组合式的建筑元素，比如屋顶瓦片，被设计得像鱼鳞一样覆盖在房顶，以调节水流。随着砖的广泛应用，罗马人进一步改进了陶瓷技术，砖常常用于混凝土墙。

在中世纪，随着高耸的哥特式教堂的建设，石材技术发展到顶峰。石匠们掌握了越来越娴熟的拱顶结构技术，这种技术使石材建筑达到前所未有的高度。尽管后来的工业化使人们能更好地控制石材和陶瓷的制造和分配，但19世纪框架结构的出现使这些材料不再用于承重了。

尽管承重方式发生了改变，石材和陶瓷依然被广泛使用。19世纪钢铁、混凝土和木立柱框架体系占据优势以后，土质材料被用于外饰，和其他材料共同制造耐久和美观的建筑表皮。

11.4.2.1 环境压力

矿物开采会影响环境。大多数石头开采在露天采石场进行，需要移除覆盖物（即覆盖在具有经济和科研开采价值的区域上面的物质，通常是岩石、土壤和生态系统，它们覆盖在人们需要开采的矿体上面），开采形成了巨大的露天矿坑。陶瓷黏土和壤土的开采也包括露天矿坑式开采：一些石灰岩、大理石和页岩则在地下开采。采矿会产生大量垃圾，堵塞并污染当地水道，还会释放并渗入到地下水中，产生令人担忧的侵蚀，造成生物多样性的破坏。控制径流的控水措施必须安排到位，任何新的采矿方式都必须有周全的计划，以保证以后可以修复地面景观。

另外，由于土质材料重，它们的运输需要消耗大量能源。

11.4.2.2 突破性技术

尽管石头和陶瓷是已知最古老的建筑材料的一种，但它们仍然一直是研究的焦点。尤其是陶瓷材料成为近几十年重要科技进步的主题，比如具备高强度或者光学透明度的能力。这些新循环中的一部分与它们新石器时代的前身有很大的不同。就机械性能而言，陶瓷、石头和其他基于矿物的材料，都具有很高的耐压强度。耐久性也是其使用中一个关键因素。在追求多方面的性能以及对相关工艺改进的时候，这一类的新兴技术则充分利用了它们的优点。

由于陶瓷出色的耐热、耐磨和耐压特性，陶瓷材料在汽车和航空工业中占据很重要的地位。而由于非常出色的损伤容限、硬度和耐磨性，碳强化纤维陶瓷混合材料尤其受到青睐。由于这些有利特性，制造商开始开发用作建筑覆层的碳纤维强化复合材料。

人们看到的陶瓷在建筑结构方面最新的进展是赤土陶。尽管最早在19世纪初就以上釉的形式被应用，上釉的赤土陶已经成为广泛应用于建筑雨搭的制作，因为其几何形状非常标准，重量轻，可以在金属框架中提前安装。这些特点也使赤土陶取代了传统的砖石结构。

因为基于矿物的材料涉及高能耗的生产过程，制造商一直在努力开发低能耗的生产方式来取代，比如不需要加热和加压，通过化学作用生产的多功能墙板。这种墙板由氧化镁、膨胀珍珠岩和回收再利用纤维素组成，在常温的时候被倒入一个模子中，这种墙板会发热（释放能量的过程或反应，通常以热量的形式呈现），因此其制造过程不需要额外的热量。考虑到墙板和地板在建筑中普遍存在，加工过程中加入发热的材料可以使建筑的环境性能显著改善。其他通过化学合成不需加热的材料包括所谓的生物砖，由沙子、尿素和细菌构成。这些非传统的砖通过方解石沉淀作用生成，而不是高温制造，这种砖拥有和典型烧制砖同样的强度。

尽管喷釉工艺以及其他的对于陶瓷表面处理的方式早就使得陶瓷具有反光的特性，但是新材料采用了令人意想不到的异于传统的方式来处理光线。透明的刚玉和氧化铝陶瓷可以达到60%～80%的可见光穿透，并且显示出比玻璃更高的强度和耐热性。透明陶瓷可能未来会用于抗爆抗热的窗户和透明防弹衣的制造。其他材料被设计用于储存而不是传播光线，比如光致聚合物，它可以在断电的时候照明紧急出口，或者在阴暗的条件下改善照明模式显示材料更具应变性的能力。

新型计算及自动化生产方式提供了多种形式转换和影响转换的能力。数字图像烧制陶瓷瓦片把陶瓷釉料看作印刷油墨，加入了摄影成像的功能。另一个过程利用数字成像在陶瓷瓦片上做浮雕，以标准工业釉料作画，创造了一种照片式表面。石头表面也可使用先进的三维雕刻技术来刻画，这使得人们对于最为棘手的材料的基本形式的控制成为可能。

11.4.2.3　创新性应用

以往的建筑大多基于矿物材料，因为这种材料已经使用了1000年，并且一直存在。它们依然经常用于现代建筑，传递着传统、持久和厚重的感觉，即使很少对它们的表面进行处理，也不用于承重。然而，正是土质材料的这种不可分离的与过去的联系使它们非常适合突破性应用。期望与物质、工艺、结构以及过程之间的联系越紧密牢固，巧妙控制这种材料产生的影响也就越大。

一种常见的创新型方法挑战土质材料的支配地位。比如Studio Gang建筑事务所的大理石窗帘，是一片巨大的薄石片，镶嵌在悬架中。在华盛顿国家博物馆的拱形顶棚的5.49m高的大理石窗帘，由620片1cm厚的半透明石片组成。

石材瓦片被水刀切割成一连串的拼图式形状，并且被放置到纤维树脂膜上以强化结构。因为对石头进行拉力测验的结果有限（只有680kg），所以这种类似透光窗帘对石头的不落俗套的应用令人称奇。

传统的石材具有不透光性，这使得对于透光性的研究成为突破性应用的一个方向。像弗朗茨·弗埃戈的瑞士梅根圣皮乌斯教堂和戴蒙与史密特建筑师事务所在以色列耶路撒冷的外交部这样的项目，展现了由纤薄的半透明石片制成的建筑立面，这些建筑立面包围着大型的公共空间。在这两个项目中，这种应用方法利用了材料基于时段的双重表现，因为当内表面或外表面其中一面发光的时候，另一面是不透明的。

传统的施工手段也得到了改进，用于建造砖石建筑立面的常规方法，比如手工铺设、利用重力界定表面。鉴于其悠久的手工制造历史，砖、瓦片和铺石的尺寸与人类手的大小密切相关。因而，砖瓦往往被认为可以赋予建筑温暖和人性，即使是预制好的。

案例

瓦尔斯温泉浴场

设计师充分挖掘了石头创造仿真、持久空间的能力。

设计师使用了最少的材料来突出建筑的基本元素：石头、水和光。在该项目中，混凝土结构上覆盖着由当地Valser石英岩制造的长1m的岩石板。被切割成三种高度的近6万块石板（每块石板的3条边被加长到近15cm）创造了一种整体统一而又富有变化的意象。精确的确定石板相互间的距离，并留出空隙让阳光直接进入，比安藤还纯粹。石块层层叠上，经过精确的画线量准，加上还要设计功能和气流的关系，使建造远远超出一般意义上的建造，变得矛盾和困难。这种建立在对建造充分了解之上的再创造，让人惊叹。该建筑的内部空间有点压抑，令人联想到充满水的山洞。草皮覆盖的屋顶像一座采石场，独特的景观使瓦尔斯温泉浴场成为一座当代的纪念碑，古朴隽永而又充满现代感（图11-15）。

●图11-15　瓦尔斯温泉浴场

11.5 混凝土

11.5.1 认识

人们想用浇筑时柔软的黏稠液体复制石材的美观和持久，混凝土就是这种想法的产物。它被认为是第一种人造混合材料，并由于应用极为广泛，在建筑建造史上起着关键作用。混凝土展示出"简单"的特性，尽管其成分复杂且很难达到完美的程度，但它是一种足够简单的材料，可以大规模生产，并且被广泛使用。现在混凝土的应用十分广泛，一年消耗量达 $5 \times 10^9 m^3$，已成为世界上消耗量仅次于水的第二大物质。

科技史学家安托万·皮肯说过："没有任何材料比混凝土与当代建筑的起源和发展联系更密切了"。由于在建筑施工中便于使用且普遍存在，所以混凝土已经成为现代建筑环境的代表和别名。一方面，混凝土代表着科技成就的顶峰，世界上最高的建筑——SOM建筑设计事务所在阿联酋迪拜设计的哈利法塔项目中说明了这一点；另一方面，混凝土也象征着现代建筑及其发展的单调和冷漠，典型代表是高度城市化地区到处都是单调乏味的建筑。

因为混凝土可以通过不同的方式使用，并且呈现许多不同形式。不同于砖和钢那种更为具体和可预见的特征，建筑师困惑于如何界定混凝土真正的本质。因其模糊的特性，弗兰克·劳埃德·赖特将混凝土称为"混杂"材料。尽管其名字暗示固态及不可更改性，但是混凝土赋予了现代建筑前所未有的可塑性，安藤忠雄曾说，混凝土可以接近波特兰石（水泥的现代变体，被命名为波特兰水泥）的美。

11.5.2 发展及应用创新

20世纪初，混凝土的时代开始。它最初用于建设工业仓库和厂房，随后钢筋混凝土迅速被用于其他类型的建筑项目。1903年，奥古斯特·佩雷将这种材料用于巴黎一座公寓大楼的立面。他的追随者勒·柯布西耶在1914年发明的多米诺系统中展现了钢筋混凝土技术带来的新设计——一个典型的结构框架，它去除了建筑物立面的承重要求。

虽然混凝土成为一个新的横梁式的建筑形态反复叠加的基础，这种建筑的特征是笔直的梁、柱、板，与典型的砖木结构一样，勒·柯布西耶的朗香教堂背离了这一理性系统。这座极具雕塑感的小教堂位于法国朗香，钢筋混凝土结构，并以砖石填态，外覆4cm厚的砂浆涂层，喷射混凝土。沉重的屋顶是粗糙的清水混凝土或者混凝土原材料，与白粉墙壁的表面对比形成斯塔克效果。为了更加吸引人，建筑师故意加厚了建筑围护。最初看起来承担巨大重量的墙壁实际上并没有支撑建筑，墙壁顶端和屋顶之间10cm高的水平槽说明了这一点，水平槽里可以看到相对较薄的混凝土柱的侧面。

朗香教堂将混凝土作为塑性材料的处理可以模糊结构和表皮的区别，这启发了很多后来的设计。同时，还可将混凝土用作一种能够表达结构填充模式的优化组合的物质。

11.5.2.1 环境压力

从物质资源的立场来看，混凝土是一种适应性很强的材料。其主要组成成分——碎石、沙子和水，几乎随处可得，并且水泥也相对比较容易获得。混凝土提出的一个环境挑战是水泥熔渣的生产需要大量能量。

严格来说混凝土是可以循环利用的，尽管现实中更多的是下降循环，用于修路或者其他低级的建筑。从拆毁建筑中得到的混凝土可以被压碎用作制造新配料的大块集料。然而，比起只是用新材料，这种使用方式需要更多的水泥，增加了碳足迹，抵消了利用循环集料的益处。

11.5.2.2 突破性技术

钢筋混凝土在技术层面具有两面性。一方面，作为现代建筑的实用材料，混凝土无处不在，这使其成为最普通、最可预料的、最简单的材料。另一方面，混凝土已经成为热门的研究主题，这是因为混凝土不仅需求量大，而且混凝土技术发展到今天已变得多样化和复杂化，并且常常会出现意想不到的结构。这里描述的突破性技术承认混凝土的普遍存在，推进它的实用性，还挖掘其艺术潜力。

由于混凝土生产过程中会产生大量的碳排放，人们协同努力开发新技术以更有效地利用资源。碳纤维强化混凝土以强化纤维代替了传统的钢材，与钢筋混凝土相比，降低了66%的重量，减少了运输成本和碳排超高性能混凝土（UHPC），同样将强度重量比最大化，通过加入硅粉、超增塑剂、石英粉和矿物纤维来制造具有高强度和延展性并且超级抗冲击、抗腐蚀、抗磨损的材料。尤其是它的高压缩性能和弯曲强度，使人们可以用更薄的结构部件实现长跨度建筑的建造。一些高性能混凝土包括不同方向的纤维玻璃层，以消除对钢铁的需求，导致重量更轻，弹性更高，并且具有超级阻燃性。高性能混凝土的一个惊人的变化是它可以在压力下弯曲。混凝土中的强化纤维独立于集料和水泥，所谓的工程水泥复合材料在存在水和二氧化碳的情况下用碳酸钙填充细微裂纹来实现自我愈合，有希望实现比传统混凝土更长的使用寿命。

由于混凝土被普遍使用，科学家热衷于改善它的性能，尤其是在降低环境污染方面。其中一个目标是环境整治，这涉及改善材料的制作工艺来实现自身环境的优化（例如通过光催化作用来减少空气污染）。光催化作用混凝土可以在太阳光的辅助下降低当地空气污染的程度。

从21世纪初开始，世界各地的研究人员都在致力于半透明混凝土的研制，尽管每种方法都是独特的，但它们都将聚合物加入预制混凝土砌块或者平板中，使光线穿过不透明的混凝土。其中一种方法是利用数千条内含的平行光纤束；另一种方法是利用固体透明塑料棒，还有一种办法是利用半透明织物。每种技术使光纤和阴影穿过几十厘米厚的墙，否认了混凝土一定不透明的想法。透光材料以固定间隔穿插在混凝土中，结合LED照明，使混凝土视频屏幕的建成成为可能。

数字化生产的新方法已经影响了混凝土的制造和表面处理。一种叫作轮廓工艺的工序使混凝土在建筑建造时能够进行三维打印。数字化控制程序利用有机械电枢的高架移动起重机，将多层材料放到基座上，建造大型建筑。数字工具也提高了控制水平和在混凝土结构中能够完成的几何控制的可能的种类，比如混凝土表面的高分辨率摄影照片或者复杂的浮雕图案。

11.5.2.3 创新性应用

混凝土继续展现出其在结构和表面应用方面的重要潜力。混凝土曾经局限于低矮结构或者建筑，但是现在混凝土已经展现了它在建造前所未有的高度建筑方面的潜力。如图11-16所示，于2010年建成的哈利法塔是世界上最高的建筑，高828m，远超第二高的建筑——台北的101大楼，高出了300m。可能用新的高强度混凝土技术，这个里程碑标志着世界最高建筑第一次用混凝土建造而成，因为摩天大楼的历史很大程度上是对钢结构发展的研究。高性能混凝土的进步和浇筑方法的创新不断开拓材料发展的新领域。

另一个出人意料的发展是混凝土拉方特性的研究。阿尔瓦罗·西扎维埃拉设计的葡萄牙世博馆展示了弯曲的薄混凝土壳屋顶，每个混

●图11-16 哈利法塔

凝土壳末端由钢缆支撑。他建造了一个吊在两个支撑柱之间具有很长跨度的混凝土屋顶，这是关于韧性混凝土可以在压力下弯曲的大胆尝试（图11-17）。

除了性能的提高，建筑师也在追求复杂混凝土外壳建造中结构和表层的整合。如图11-18所示，史蒂芬·霍尔设计的麻省理工学院学生宿舍西蒙斯大厅的灵感来自海绵内部的几何形状，所谓的多孔混凝土模型目的在于提供最大的设计灵活性以及增强学生间互动的可能。

如图11-19所示，特拉汉建筑事务所在路易斯安那州巴鲁日处的圣玫瑰教堂大楼，以其明亮反光的混凝土展现了优越的精细化水平。

如图11-20所示，詹保罗·因布里吉设计的上海世博会意大利馆——人之城。采用了一种透明混凝土，也就是在传统混凝土中加入玻璃纤维成分，利用各种成分的比例变化达到不同透明度的渐变。光线透过不同玻璃纤维的透明混凝土照射进来，营造出梦幻的色彩效果，而自然光的射入也可以减少室内灯光的使用，从而节约能源。

●图11-17　阿尔瓦罗·西扎维埃拉
设计的葡萄牙世博馆

●图11-18　麻省理工学院学生
宿舍西蒙斯大厅

●图11-19　圣玫瑰教堂大楼

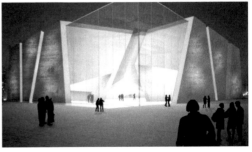

●图11-20　上海世博会意大利馆——人之城

案例

斯图加特现代混凝土别墅

　　住宅整体使用了隔热混凝土材料（insulating concrete），在侧墙与屋面的转折进行了无缝处理，使得整座建筑犹如一个混凝土雕塑般非常具有整体感，内部的空间仿佛是雕刻出来的。

　　除此之外，几何形状的大面积玻璃墙与建筑形体高度吻合，给人拨开混凝土露出"水晶"的惊喜。建筑总共四层，地下一层，地面三层，顶层卫生间的浴缸直接镶嵌进了地面楼板内，形成一个与地面平齐的水池（图11-21）。

● 图11-21　斯图加特现代混凝土别墅

11.6 塑料

11.6.1 简介

　　塑料被我们描述为合成高分子材料，它的名字源于一种活动——浇筑和塑造。希腊动词"plasseln"的意思是"浇筑或塑造一种柔软的物体"，而形容词"plastikor"的意思是"可以被浇筑和塑造的"。20世纪，化学家发明了具有前所未有的特定属性的现代高分子材料，"plastic"这个词就逐渐和人类不断努力想要巧妙地使用材料的成果联系起来。塑料体现了现代科技工作的困境。一方面，它满足了我们的期望：便利、可控、适用并且耐腐蚀；另一方面，它的生产和散播污染了环境，增加了材料循环利用的复杂性，还挑战了已经建立的对于真实性的定义。塑料是这样一种持久耐用的材料，通过某种核心科技手段获得的一种令人满意的特性，然而这违背了自然过程。此外，作为易腐烂材料的替代品，廉价材料的广泛应用引起了社会广泛的怀疑和犹豫。小说家托马斯·平琼抱怨塑料的"完美的耐久性"；伊东丰雄为当代文化的无趣乏味感到悲伤，他将其比喻为透明玻璃纸；尽管我们周围有各种各样的商品，然而我们生活在完全同质的环境中。我们的丰富不仅仅靠一层保鲜膜来维持。

　　尽管如此，塑料仍是一种令人难以拒绝的材料，它在建筑中得到越来越广泛的应用，并且刚刚开始显示在科技和环境方面的潜力。另外，目前一个意义深远的转变是正在用可再生资源替代塑料原来的生产原料：石油。随着碳水化合物（可再生材料）逐渐取代碳氢化合物（化石燃料），将来某一天，塑料可能会实现最大量控制和环境容量之间令人难以捉摸的平衡。

11.6.2 发展及应用创新

　　在19世纪中期塑料首次被制造出来，是旨在提高自然材料性能的实验的附属品。令人鼓舞的是，最终这些新物质将会替代更昂贵且有缺点的材料。英国化学家亚历山大·帕克斯于1855年发明的赛璐珞被认为是第一种热塑性塑料，用于仿造玳瑁和玛瑙。酚醛塑料于1907年被比利时化学家贝克兰从苯酚甲醛和甲醛（产自焦油）的混合物中提取出来，这是第一种热固塑料，也是第一种从合成材料中获得的塑料。酚醛塑料用于替代硬橡胶和虫胶，并可用于制造绝缘电子零件。

　　20世纪30年代以后塑料的生产出现了爆炸式增长，带动了尿素甲醛树胶、有机玻璃（PMMA）、聚苯乙烯、醋酸纤维素和其他合成高分子材料的商品化发展。到目前为止，塑料已经是遍及全世界的家用材料。

●图11-22 蒙特利尔世博会美国馆

第二次世界大战以后，塑料生产的大幅增长逐渐和这个时代新兴的物质主义联系起来，许多人认为塑料是肤浅的和人造的。但塑料展示了它在绝大多数苛刻环境下的优良性能，因此塑料成为汽车、家具、玩具、服装行业中无处不在的材料。到现在为止，尼龙和氯丁橡胶已经成为丝绸和天然橡胶的替代者，塑料完全改变了这些行业。

尽管塑料最开始应用于小巧且大规模制造的物体，但建筑尺度的塑料系统在20世纪50年代末期加速发展。塑料制造商可以通过新开发的技术方法，比如叠压和强化玻璃纤维制模，来适应建筑的大尺度。早期的塑料建筑通常被想象成两种方式中的一种：模板制造的刚性结构，或者韧性纤维制造的弹性结构。后一种包括填充式结构和充气式结构。

阿尔伯特·迪茨是一位结构工程师，在孟山都未来之家的建造中起到重要作用。迪茨在麻省理工的塑料研究实验室研究第二次世界大战中的尼龙装甲，1954年孟山都公司委托该实验室研究并设计革新性的公司大楼。为追求塑料独特的表现形式，迪茨和建筑师理查德·汉密尔顿决定要利用连续的塑料表面来建造一整块建筑外立面。他们将大规模生产的理念融入设计当中，4个悬挂在基座上面的分离舱连接在一起组成未来之家。C型的分离舱由强化玻璃纤维聚酯制成，用吊车将它们放到基座上并组成一个L形。安装过程非常艰难、复杂并且需要大量的人工劳动来完成。

第二次世界大战后，伯克明斯特·富勒对工业化房屋建造的兴趣引起了他对短程线穹顶的兴趣，短程线穹顶是一种能够以极小的材料曲面面积提供最大空间的积木式结构。富勒最早的小圆屋顶在麻省理工学院制成，是一种包含薄金属支架的自支撑结构，支架表面覆盖轻

型材料。1967年富勒为蒙特利尔世博会美国馆所做的设计，包括一个几乎完全是球状的圆屋顶，高61m，直径76m。1900片模塑的丙烯酸塑料片镶嵌在氯丁橡胶索上，然后覆盖在钢管弦上，这个圆屋顶像一个有花边的金银细丝工艺品映照在天空下。对富勒来说，塑料为无形体限制的建筑提供了可能，这种建筑基于自然界中发现的复杂结构模式（图11-22）。

11.6.2.1 环境压力

合成塑料来源于化石燃料，受到了很多与石油和天然气同样的批评，包括消耗非再生资源，导致全球变暖，排放污染，以及加剧了全球对石油的竞争，更不幸的是，这种竞争导致了所谓的石油独裁。

许多塑料在其使用期的某些阶段会释放有毒物质。在制造和燃烧的过程中，PVC会释放二噁英，一种广为人知的致癌物。聚亚安酯（PUR）含有二异氰酸酯；尿素和三聚氰胺含有甲醛；聚酯和环氧树脂含有苯乙烯。一些塑料会在其大部分使用期中向大气释放挥发性有机化合物（VOC）或者废气，加重人们的呼吸问题。人们已经知道用于制造某些塑料的双酚基丙烷（BPA）和邻苯二酸甲酯会导致内分泌失调，并且实际情况显示，即使是量很少也会导致人体的发育问题。这些化学物质已经在环境中广泛蔓延，并且难以降解。人们必须努力减少或者消除这些材料的使用，并且在生产过程中采取必要的安全预防措施。

尽管塑料抗自然降解的特性在其使用过程中意味着高品质，然而这种耐久性并不总是令人满意的，尤其考虑到它在环境中一直存在，而人们并不乐意看到它。10%的废弃塑料被排放到了世界各大海洋中，洋流将这些材料聚集到了五个不同的漩涡中，形成耐久垃圾的浮岛，这些浮岛成为环境死亡地带。幸运的是如果处置合理，热塑性塑料很容易被循环利用，同时热固性塑料可以重新研磨制造新的合成物（尽管这还不普遍）。用可循环材料制造塑料也可以降低塑料的自含能量，1t再生塑料可以节省2.6m³的石油，比制造原生塑料节省50%～90%的能源。因此，在设计和确定技术规格过程中考虑塑料零件的可再生能力和可降解能力非常重要。

11.6.2.2 突破性技术

因为塑料是一种相对较新的材料，所以它与当代社会的理念密切相关。塑料在现代科技和文化的发展中起到了明显的作用，但是它也一直是具有争议性的材料。塑料的技术进步一般遵循以下两条路径：性能提高和材料替代。性能提高要求相对其他的材料塑料能够更轻便、坚固、耐用、柔软以及不易褪色，而材料替代则指塑料的应用可以作为其他物质的模拟物。随着对废弃塑料难以降解的关注度的不断提高，现在出现了解决问题的第三种路径，即用新材料制造可以循环再利用的塑料，以及研发可以安全降解的生物塑料。

耐用而且轻便的蜂窝状塑料复合板最初是为制造卡车车床而开发的，而现在被越来越多地应用在建筑材料上。这些复合板结构的两个表层是固体聚合物片材，例如玻璃纤维和聚酯树脂熔铸的贴面，中间是由聚碳酸酯或铝制造的蜂巢状夹芯。这些高分子复合材料硬度高、重量轻，具有光传导性，尤其是它们可供选择的颜色和样式，这使得它们能够很好地应用到轻型结构之上，例如墙面、地板和工作台面。

性能提高不仅意味着在机械和美学上的改善，而且还涉及自我控制和调节，这是智能材料的标准。自修复高分子材料是指在结构上具有自动修复能力的高分子材料（受生态系统的启发，自修复塑料使用催化化学触发机制以及环氧树脂基体的微囊化的愈合剂。不断变大的裂缝会使微囊破裂，微囊便会通过毛细作用往裂缝中释放愈合剂）。

形状记忆聚合物是一种感应塑料，它能够从坚硬的状态变为弹性状态然后恢复到原来的形状，可以广泛运用于建筑结构、家具、模具、包装等。研究成果表明，感应表面层上有一种基于聚合物的控制光和通风的窗口，窗口在空气气压下降到低于理想水平时会增加气流量，这样就可以通过鳃状板条的打开和闭合来调节表面的形状。

塑料广泛运用于数字制造技术上，如3D打印技术。塑料也促进了可再生能源的利用。有机光伏（OPV）是用来导电和利用能量的高分子材料。尽管相对低效，OPV却仍然广受欢迎，这是因为它可以较低的成本大规模生产。由OPV的多个纳米结构层制造的轻柔的薄膜在很多应用中能将光转化为能量。因为这种薄膜比传统的太阳能电池有更好的光谱灵敏度，所以它可以从所有的可见光光源中获得能量。将灵活和轻巧的OPV能量采集系统安装到现有的建筑外立面上十分容易，这提高了低成本可再生能源的适用性。

因为塑料能够很快地传递和过滤光，由此促使新兴的高分子材料技术探索塑料在传播光方面的令人意想不到的新功能。塑料镜膜被设计用来实现光传输效率的最大化，虽然它是完全基于高分子材料来制造的，但这种高分子材料薄膜的光反射率可以超过99%，比任何金属的都高。银和铝是制作镜子最常用的金属，高分子材料薄膜相比银和铝更能精确地反映颜色。薄膜可以用在日光传输系统上，为黑暗的室内带来日光。其他值得注意的材料主要有能够根据视角的变换呈现透明或半透状态的聚酯薄膜、受夜间飞行蛾眼结构的启发而发明的防反射膜，以及利用光导管三维矩阵能将光传输到阴暗区域的高分子材料结构板。塑料自从发明以来，就一直被用来替代其他材料。塑料几乎可以以假乱真地替代象牙、漆器、棉花、木材、石材、金属等材料，只有在用手触摸的时候才能发现塑料和上述材料之间的区别。

用玉米以及其他主要农产品制造的高分子材料使更多基于可再生资源的塑料成为可能，例如旨在取代轻木的几丁质聚合物是从蘑菇中提取的，用来制造电脑和手机外壳增强的生物塑料材料来自红麻纤维，以及用来制造电路的复合材料来自大豆和鸡毛。

石油资源的稀缺以及不可避免的塑料垃圾处理问题催生了使用可再生材料制造的塑料，同时也促使越来越多的公司利用塑料垃圾制造各种产品。在精明的厂家眼中，废弃的光盘、聚碳酸酯水瓶、半透明的牛奶壶、聚苯乙烯食品包装、聚丙烯制造的地毯、聚酯磁带等废弃物在粉碎之后都是高分子原材料，厂家会不断赋予它们新用途，用来制造新的产品。

11.6.2.3 创新性应用

塑料在建筑方面的应用是具有突破性意义的。合成高分子材料的发展使得塑料可以越来越多地替代建筑材料。在管道、壁板、门窗、防水层、墙面、家具以及各种涂料和黏合剂的身上都出现了塑料的影子，取代了传统木材、石材、陶瓷和金属等材料。这种现象在很大程度上是由经济利益驱动的，因为使用塑料产品取代原有的材料可以降低成本。

早期的高分子材料专家察觉到了公众对于塑料产品的不信任，由此专家们开始寻求改变塑料以往在人们心目中脆弱的形象。他们宣称塑料不再是"替代性材料"，而是把塑料定位为"人们依据自己的需求而去创造"的材料。事实上，塑料已经被开发出一些特有的性能，这增强了塑料的独特性。大多数应用在建筑上的塑料是在1931年到1938年之间被发明的，而20世纪50年代之后塑料才开始在建筑中得到广泛应用。

●图11-23　为2008年夏季奥运会设计的北京国家水上运动中心

利用轻质材料制造墙壁和孔板正在成为一种趋势，使用纯PMMA或PC制造的水平的、波浪形或者多层的片材，由于具备重量轻、透光、绝缘的优点，受到了越来越多的人青睐。当用于大型建筑的基于纺织物外壳系统时，塑料展示了令人满意的环境效果，比如PTW建筑设计事务所为2008年夏季奥运会设计的北京国家水上运动中心，这座建筑用到了充气ETFE包层（图11-23）。

●图 11-24 哥本哈根音乐厅

源于塑料的纺织物也广泛用于防感染清洁外皮，比如吉恩·诺威尔的哥本哈根音乐厅里的强化玻璃纤维 PVC 窗帘，它白天是一个色泽鲜明的纱罩，晚上是一个投影屏幕（图 11-24）。

在应用上建筑师也赋予塑料第二次生命。FCJZ 工作室开发了塑料步道铺砖等更多出人意料的功能，通常塑料步道铺砖用于加强地面覆盖，而 FCJZ 将它们用于北京塑料厕所的墙面和房顶。在建造期间，这些蜂窝结构组件被连在一起，形成更大的表面，表面两侧都用半透明聚碳酸酯片包裹起来。循环使用的 PET 饮料瓶被组装到 Transstudio 的 PET 墙的联锁组件中，这种 PET 墙是一种自立式半透明窗帘，它将注射模塑塑料组件组合在一起，形成一个膨胀的散光透镜。

▶ 案例

隈研吾的奥利维茶室

隈研吾的竹屋、口腔医学博物馆和日本福冈的星巴克装修大家肯定都不觉得陌生。隈研吾提出"让建筑消失"的口号和"建筑微粒"的概念，以微粒结构的简单重复来创造视觉艺术，消解体积感，从而让建筑消失，碎片式结构几乎成了他的标志。

但很少人知道，从 2005 年至今，隈研吾在临时搭建的领域做过二十多个项目，从这些项目中我们可以看到隈研吾对材料的选取的重视，他从透明性的角度研究他的"负建筑"想法，下面就来看看同样出色的临时搭建作品——奥利维茶室。

这个临时可移动的茶室灵感来源于茧，属于奥利维的变形茶道碗系列，由5mm×65mm的波纹塑料板间隔排列在一起的。固定材料使用到了捆扎带，一旦松开，茶室便拆解成为廉价简单的单元组件。这个项目想用半透明的塑料板搭配灯光和简单的构造营造出隈研吾一直追求的建筑的"清爽感"（图11-25）。

为了有别于这个刚性和高强度管制的社会，隈研吾想给这间茶室提供一种生动柔软的感觉。相对于纤维，他尝试了聚酯丝网这种触感神奇的材料；相对于直角，他趋向于使用圆的形态来创造一种有机的流动的氛围。但又不仅仅是圆形，他希望这间茶室能像海绵一样柔软的、动态的，像一个活生生的有机体释放于空气中（图11-26）。

抵制死板的混凝土建筑，隈研吾在此项目中提出一种动态的"可呼吸的建筑"的设想，这种建筑和环境会有互动式的交流，有时会屏住呼吸变得很小，有时可深呼吸而变大。从技术上讲，该项目使用了由聚酯线连接在一起的双层膜结构，中间充上气，形成可控的体量（图11-27）。

●图11-25　奥利维茶室

不同于传统的以玻璃纤维为基材的膜材料，这个双层膜更为柔软和透光。当膨胀和收缩时建筑仿佛真的在呼吸。此新型材料非常透明，并具有独特的肌理。隈研吾称它为现实与梦想世界的中介（图11-28）。

●图11-26　隈研吾为这间茶室提供一种
　　　　　生动柔软的感觉

●图 11-27　充气过程

●图 11-28　塑料双层膜更为柔软和透光

12

环境人体
工程学

12.1 人体工程学概述

人体工程学是一门新兴的学科，同时又具有古老的渊源。公元前1世纪，罗马建筑师维特鲁威从人体各部位的关系中发现，人体基本上以肚脐为中心，双手侧向平伸的长度恰好就是其身高。如图12-1所示为罗马建筑师维特鲁威的人体尺度。

人体工程学始于第二次世界大战简称"二战"，主要服务于军事武器设计，探求人与机械之间的协调关系。二战后，行为学家、心理学家、生理学家等组建了研究机构，对人类的心理学、生理学、工效学等学科进行了研究，建立了人机工程学这门学科。

按照国际工效学会所下的定义，人体工程学是一门"研究人在某种工作环境中的解剖学、生理学和心理学等方面的各种因素；研究人和机器及环境的相互作用；研究在工作中、家庭生活中和休假时怎样统一考虑工作效率、人的健康、安全和舒适等问题的科

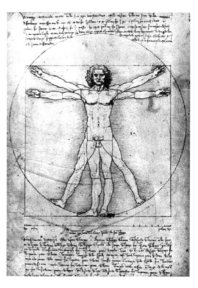

● 图12-1　罗马建筑师维特鲁威的
人体尺度

学"。日本千叶大学小原教授认为：人体工程学是探知人体的工作能力及其极限，从而使人们所从事的工作趋向适应人体解剖学、生理学、心理学的各种特征。

12.2 人体尺寸

当建筑师为自己或者为他人做建筑设计时，都是从人体的尺寸开始的。人们如何通过一个空间，如何体验它、使用它，其中一个决定性的因素就是人的身体尺寸与空间的基本关系。例如，你设计的椅子是否舒服，取决于你的身体与椅子的关系。基本上，我们可运用两类量度来理解和设计人为环境，一类是"手的量度"，大多数的家具，细部都是以这些量度制作的；第二类量度是"身体的量度"，适合于身体及其运动的量度，在设计门、窗、椅子、室内空间的高度时需要考虑这类量度。用你自己作为测定人为空间环境的依据，只有首先理解了你自己的尺寸，才容易理解他人的不同尺寸。只有首先理解了你自己的要求，才容易理解他人的不同要求。

人体的尺寸和比例，影响着我们使用的物品的比例，影响着我们要触及的物品高度和距离，也影响着我们用以坐卧、饮食和休息的家具尺寸。我们的身体结构尺寸和日常生活所需的尺寸要求之间有所不同。

尺寸一般分为两大类：构造尺寸和功能尺寸。

12.2.1.1 构造尺寸

构造尺寸是人体处于固定的标准状态下测量的，主要是指人体的静态尺寸。如身高、坐高、肩宽、臀宽、手臂长度等，它和与人体有直接关系的物体有较大关系。

我国成年人的身体尺寸比例见图12-2。

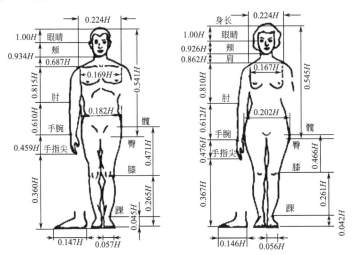

●图12-2 我国成年人的身体尺寸比例（*H*为身高）

立姿与坐姿人体静态尺寸见图12-3。

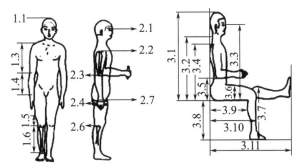

●图12-3 立姿与坐姿人体静态尺寸

立姿人体尺寸见表12-1，坐姿人体尺寸见表12-2，人体主要尺寸见表12-3。

表12-1　立姿人体尺寸　　　　　　　　单位：mm

年龄分组	男（18～60岁）							女（18～55岁）						
百分位数	1	5	10	50	90	95	99	1	5	10	50	90	95	99
2.1眼高	1436	1474	1495	1568	1643	1664	1705	1337	1371	1388	1454	1522	1541	1579
2.2肩高	1244	1281	1299	1367	1435	1455	1494	1166	1195	1211	1271	1333	1350	1385
2.3肘高	925	954	968	1024	1079	1096	1128	873	899	913	960	1009	1023	1050
2.4手功能高	656	680	693	741	787	801	828	630	650	662	704	746	757	778
2.5会阴高	701	728	741	790	840	856	887	648	673	686	732	779	792	819
2.6胫骨点高	394	409	417	444	472	481	498	363	377	384	410	437	444	459

表12-2　坐姿人体尺寸　　　　　　　　单位：mm

年龄分组	男（18～60岁）							女（18～55岁）						
百分位数	1	5	10	50	90	95	99	1	5	10	50	90	95	99
3.1坐高	836	858	870	908	947	958	979	789	809	819	855	891	901	920
3.2坐姿颈椎点高	599	615	624	657	691	701	719	563	579	587	617	648	657	675
3.3坐姿眼高	729	749	761	798	836	847	868	678	695	704	739	773	783	803
3.4坐姿肩高	539	557	566	598	631	641	659	504	518	526	556	585	594	609
3.5坐姿肘高	214	228	235	263	291	298	312	201	215	223	251	277	284	299
3.6坐姿大腿厚	103	112	116	130	146	151	160	107	113	117	130	146	151	160
3.7坐姿膝高	441	456	461	493	523	532	549	410	424	431	458	485	493	507
3.8小腿加足高	372	383	389	413	439	448	463	331	342	350	382	399	405	417
3.9坐深	407	421	429	457	486	494	510	388	401	408	433	461	469	485
3.10臀膝距	499	515	524	554	585	595	613	481	495	502	529	561	570	587
3.11坐姿下肢长	892	921	937	992	1046	1063	1096	826	851	865	912	960	975	1005

表12-3　人体主要尺寸　　　　　　　　　　　　单位：mm

年龄分组	男（18~60岁）							女（18~55岁）						
百分位数	1	5	10	50	90	95	99	1	5	10	50	90	95	99
1.1身高	1543	1583	1604	1678	1754	1775	1814	1449	1484	1503	1570	1640	1659	1697
1.2体重/kg	44	48	50	59	70	75	83	39	42	44	52	63	66	71
1.3上臂长	279	289	294	313	333	338	349	252	262	267	284	303	302	319
1.4前臂长	206	216	220	237	253	258	268	185	193	198	213	229	234	242
1.5大腿长	413	428	436	465	496	505	523	387	402	410	438	467	476	494
1.6小腿长	324	338	344	369	396	403	419	300	313	319	344	370	375	390

注：人机工程学中的百分位数是指人体测量的数据常以百分数Pk作为一种位置指标，一个界值，一个百分位数将群体或者样本的全部测量值分为两部分，有K%的测量值等于和小于它，有（100 - K）%的测量值大于它。例如在设计中最常用的是P5、P50、P95三种百分位数。其中第5百分位数代表"小"身材，是指有5%的人群身材小于此值，而有95%的人群身材尺寸均大于此值；第50百分位数表示"中"身材，是指大于和小于此人群身材尺寸的各为50%；第95百分位数代表"大"身材，是指有95%的人群身材尺寸均小于此值，而有5%的人群身材尺寸大于此值。

12.2.1.2　功能尺寸

　　功能尺寸指动态的人体尺寸，是人在进行某种功能活动时肢体所能达到的空间范围。它是在动态的人体状态下测得，是由关节的活动、转动所产生的角度与肢体的长度协调产生的范围尺寸，它对于解决许多带有空间范围、位置的问题很有用。较常使用的有人体基本动作的尺度，按其工作性质和活动规律，可分为站立姿势、座椅姿势、跪坐姿势和躺卧姿势。其中坐椅姿势包括依靠、高坐、矮坐、工作姿势、稍息姿势、休息姿势等；平坐姿势分为盘腿坐、蹲、单腿跪立、双膝跪立、直跪坐、爬行、跪端坐等；躺卧姿势分为俯撑卧、侧撑卧、仰卧等。

　　立姿、坐姿、单腿跪姿及仰卧姿势手部动作的最大界限见图12-4。

　　身体各部分活动角度范围见表12-4。

　　受限作业空间和通道的空间示意见图12-5、图12-6。

　　受限作业空间尺寸和通道的空间尺寸见表12-5、表12-6。

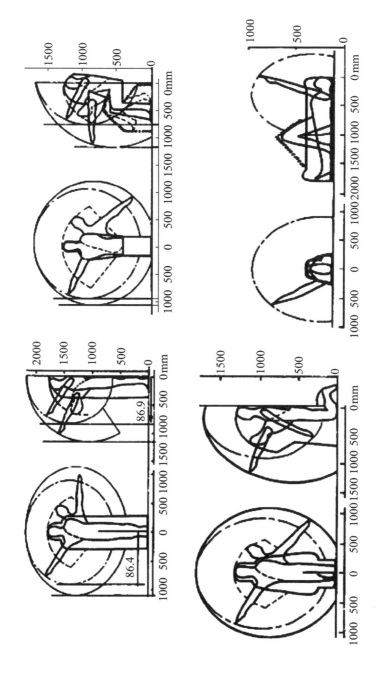

●图12-4 立姿、坐姿、单腿跪姿及仰卧姿势手部动作的最大界限

表12-4 身体各部分活动角度范围

身体部位	活动关节	动作代号	动作方向	动作角度/(°)
头	脊柱	1	向右转	55
		2	向左转	55
		3	屈曲	40
		4	极度伸展	50
		5	向右侧弯曲	40
		6	向左侧弯曲	40
肩胛骨	脊柱	7	向右转	40
		8	向左转	40
臂	肩关节	9	外展	90
		10	抬高	40
		11	屈曲	90
		12	向前抬高	90
		13	极度伸展	45
		14	内收	140
		15	极度伸展	40
		16	外展旋转（内观）	90
		17	外展旋转（外观）	90
手	腕	18	手背向屈曲	65
		19	手掌向屈曲	75
		20	内收	30
		21	外展	15
		22	掌心朝上	90
		23	掌心朝下	80
腿	髋关节	24	内收	40
		25	外展	45
		26	屈曲	120
		27	极度伸展	45
		28	屈曲时回转（外观）	30
		29	屈曲时回转（内观）	35
小腿	膝关节	30	屈曲	135
足	踝关节	31	内收	45
		32	外展	50

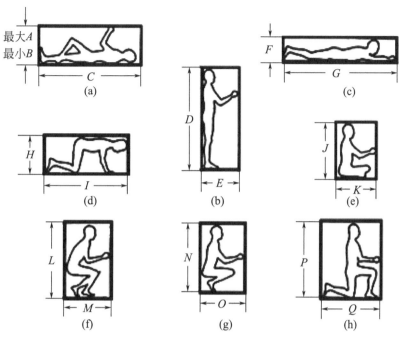

● 图 12-5 受限作业空间（单位：mm）

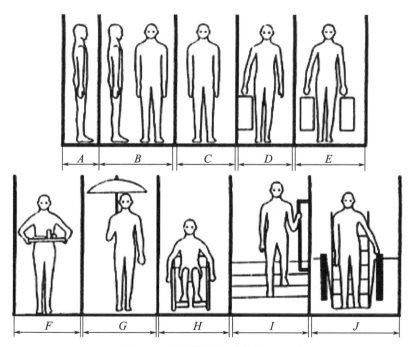

● 图 12-6 通道的空间（单位：mm）

表12-5　受限作业空间尺寸　　　　　　　　　　　　单位：mm

代号	A	B	C	D	E	F	G	H	I	J	K	L	M	N	O	P	Q
高身材男	640	430	1980	1980	690	510	2440	740	1520	1000	690	1450	1020	1220	790	1450	1220
中身材男 高身材女	640	420	1830	1830	690	450	2290	710	1420	980	690	1350	910	1170	790	1350	1120

表12-6　通道的空间尺寸　　　　　　　　　　　　单位：mm

代号	A	B	C	D	E	F	G	H	I	J
静态尺寸	300	900	530	710	910	910	1120	760	单向 760	610
动态尺寸	510	1190	660	810	1020	1020	1220	910	双向 1220	1020

12.2.2 人体尺寸的差异

上述的人体尺寸是指平均尺寸，但是人体的尺寸因人而异，因此不能当作一个绝对的度量标准，我们还要了解人体的尺寸存在以下的差异。

12.2.2.1　种族差异

不同的国家、不同的种族，由于地理环境、生活习惯、遗传特质的不同，从而导致人体尺寸的差异十分明显。身高从越南人的160.5cm到比利时人的179.9cm，高差竟达19.4cm。中国成年男性标准身高为169.22cm，华东地区成年男子标准身高为171.38cm。

12.2.2.2　世代差异

我们在过去100年中观察到的生长加快（加速度）是一个特别的问题，子女们一般比父母长得高，这个问题在总人口的身高平均值上也可以得到证实。欧洲的居民预计每10年身高增加10～14mm。因此，若使用三四十年前的数据会导致相应的错误。

12.2.2.3　年龄差异

年龄造成的差异也很重要，体型随着年龄变化最为明显的时期是青少年期。一般来说，青年人比老年人身高高一些，老年人比青年人体重重一些。在进行某项设计时必须经常判断与年龄的关系，是否适用于不同的年龄。

12.2.2.4　性别差异

3～10岁这一年龄阶段男女的身高差别极小，同一数值对两性均适用，两性身体尺寸的明显差别是从10岁开始的。一般女性的身高比男性低10cm左右，但不能像习惯做法那样，把女性按较矮的男性来处理。调查表明，女性与身高相同的男性相比，身体比例是完全不同的，女性臀宽肩窄，躯干较男性为长，四肢较短，在设计中应注意到这些差别。

12.2.2.5 残疾人

（1）乘轮椅患者

在设计中首先假定坐轮椅对四肢的活动没有影响，活动的程度接近正常人，而后，重要的是决定适当的手臂能够得到的距离和各种间距以及其他的一些尺寸，这些就必须要将人和轮椅一并考虑。

（2）能走动的残疾人

对于能走动的残疾人而言，必须考虑他们是使用拐杖、手杖、助步车、支架，还是用狗帮助行走，这些都是病人功能需求的一部分。因而为了更人性化的设计，除了要知道一些人体测量数据之外，还应该把这些工具当作一个整体来考虑。

12.3 常用环境尺度中的人体因素

12.3.1 人体活动常规空间尺度

学习环境艺术设计的设计师和学生可以通过自身的测绘和观察逐步掌握人体基本动作尺寸，人体活动所占空间尺度，人与桌、椅的尺寸等。大家还需要通过测绘了解人体尺度与建筑空间与设施的关系，如走廊、门窗、楼梯与浴卫等。

从上述内容中可以看到，人体尺寸影响着我们活动和休息所需要的空间体积。当我们坐在椅子上，倚靠在护栏上或寄身于亭榭空间中时，空间形式和尺寸与人体尺寸的适应关系可以是静态的。而当我们步入建筑物大厅、走上楼梯或穿过建筑物的房间与厅堂时，这种适应关系则是动态的。因此我们必须明白空间还需要满足我们保持合适的社交距离的需要，以及帮助我们控制个人空间。

下面以人在起居室及普通办公室里的活动的常规空间尺度为例来说明。

12.3.1.1 起居室的尺寸

（1）起居室的处理要点

① 起居室是人们日常的主要活动场所，平面布置应按会客、娱乐、学习等功能进行区域

划分。

② 功能区的划分与通道应避免干扰。

（2）起居室常用人体尺度

起居室空间尺寸见图12-7。

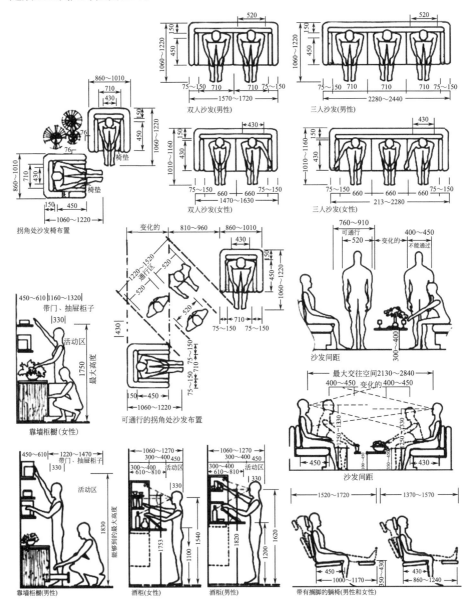

● 图12-7　起居室空间尺寸（单位：mm）

12.3.1.2　普通办公室的尺寸

（1）普通办公室处理要点

① 传统的普通办公室空间比较固定，如为个人使用则主要考虑各种功能的分区，既要分区合理又应避免过多走动。

② 如为多人使用的办公室，在布置上则首先应考虑按工作的顺序来安排每个人的位置及办公设备的位置，应避免相互的干扰。其次，室内的通道应布局合理，避免来回穿插及走动过多等问题出现。

（2）办公室常用的人体尺度

经理办公桌布置见图12-8。

普通办公室布局尺寸见图12-9。

12.3.1.3　餐厅的尺寸

餐厅空间尺度见图12-10。

12.3.1.4　学校课桌的尺寸

学校课桌布置空间尺寸见图12-11。

课桌和课椅功能尺寸见表12-7、表12-8。

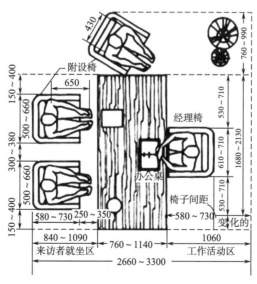

● 图12-8　经理办公桌布置（单位：mm）

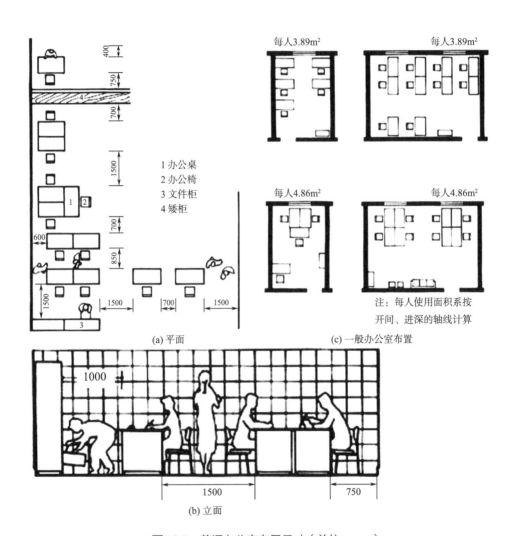

1 办公桌
2 办公椅
3 文件柜
4 矮柜

(a) 平面

(b) 立面

每人3.89m²   每人3.89m²

每人4.86m²   每人4.86m²

注：每人使用面积系按
开间、进深的轴线计算

(c) 一般办公室布置

●图12-9　普通办公室布局尺寸（单位：mm）

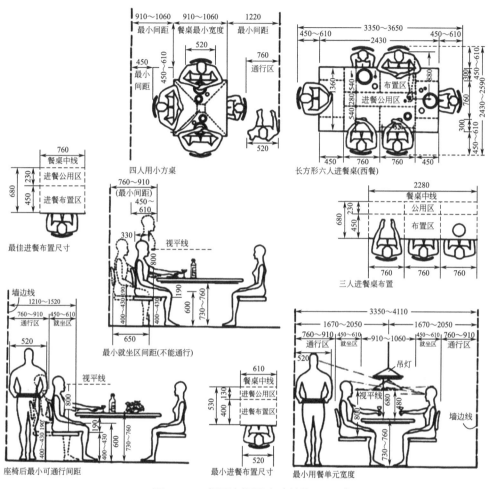

● 图12-10 餐厅空间尺度（单位：mm）

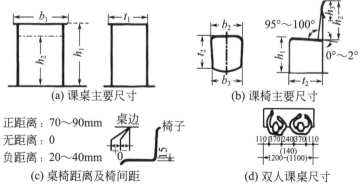

(a) 课桌主要尺寸　　(b) 课椅主要尺寸

正距离：70～90mm
无距离：0
负距离：20～40mm

(c) 桌椅距离及椅间距　　(d) 双人课桌尺寸

● 图12-11 学校课桌布置空间尺寸（单位：mm）

表12-7 课桌功能尺寸   单位：mm

型号及颜色标记	桌高 h₁	桌下空区高 h₂	桌面宽度b₁		桌面深度t₁
			单人间	双人间	
1 号白	760	620 以上	550 ~ 600	1000 ~ 1200	380-420
2 号绿	730	580 以上	550 ~ 600	1000 ~ 1200	380-420
3 号白	700	560 以上	550 ~ 600	1000 ~ 1200	380-420
4 号红	670	550 以上	550 ~ 600	1000 ~ 1200	380-420
5 号白	640	520 以上	550 ~ 600	1000 ~ 1200	380-420
6 号黄	610	490 以上	550 ~ 600	1000 ~ 1200	380-420
7 号白	580	460 以上	550 ~ 600	1000 ~ 1200	380-420
8 号紫	550	430 以上	550 ~ 600	1000 ~ 1200	380-420
9 号白	520	400 以上	550 ~ 600	1000 ~ 1200	380-420

注：课桌的主要尺寸应符合图及表的要求。桌面宽度如用作教室进深设计的根据时，单人用课桌，小学应>550mm，中学应>600mm，双人桌加倍。

表12-8 课椅功能尺寸   单位：mm

型号及颜色标记	椅面高h₃	椅面有效深度t₂	椅面宽度b₂	靠背上缘距椅面高h₄	靠背上下缘间距h₅	靠背宽度b₃
1 号白	430	380	340 以上	320	100 以上	300 以上
2 号绿	420	380	340 以上	310	100 以上	300 以上
3 号白	400	380	340 以上	300	100 以上	300 以上
4 号红	380	340	320 以上	290	100 以上	280 以上
5 号白	360	340	320 以上	280	100 以上	280 以上
6 号黄	340	340	320 以上	270	100 以上	280 以上
7 号白	320	290	270 以上	260	100 以上	250 以上
8 号紫	300	290	270 以上	250	100 以上	250 以上
9 号白	290	290	270 以上	240	100 以上	250 以上

12.3.2 城市空间尺度

城市空间尺度包含两方面的内容：一是城市节点到节点的水平距离，二是城市空间的高宽比例，尤其是街道的高宽比例。

12.3.2.1　节点的水平距离

城市节点指的是城市中有较强功能或有鲜明形象的设施，例如交叉路口、地铁站、特色商店、加油站等。节点水平距离的确定有两个依据，一是人的步行距离，二是车行距离。与人的步行距离相适的水平距离是宜人的、方便的尺度。步行距离适宜与否与步行导致的疲劳感和环境条件引起的心理反应有关。

大多数城市的地面公共交通车站间的平地距离是400 ~ 800m，这个尺度是以人的体能消耗、环境条件和心理反应为参照而定的。人从这个距离内的任一点出发，到达最近的公交车站，最大距离不过400m左右，相当于在标准田径赛场绕行1周。按人中等步行速度60m/min计，步行需6min左右。人在平地轻负荷（10 ~ 30kg）中速步行（约60m/min）时的每分钟能耗为15 ~ 22kJ，则轻负荷中速步行这段距离需耗能120 ~ 188kJ，占人日均正常能耗的1% ~ 3%，如果不负重不行，那么能耗将更小。所以，这个距离（平地）是常人完全可以承受的。

通常，越往市中心，公交车站间的距离越小；而越往郊外去，公交车站间的距离越大。因为市中心人的活动较多，从一地到另一地往来人次较大，郊外去的情况则相反。当然，并非市中心公交车站间的距离越小越好，因为公交车站的设置，还受道路条件、社会条件等许多因素的影响。

公交车站间400 ~ 800m的平地距离可以作为控制城市节点水平距离的参考。当环境吸引力不强，适当缩短节点间的距离；当环境有较强吸引力时，适当放大节点间的距离。如图12-12所示，是不同环境条件下的步行距离控制参考值。

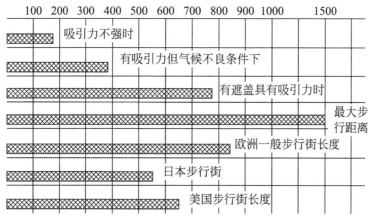

●图12-12　不同环境条件下的步行距离控制参考值

与图12-12所示相应的实例有：美国明尼阿波利斯的尼科莱德步行街，长1500m，是图中所列的最大值；中国上海的南京路步行街，长1033m（从河南中路至西藏中路），已接近最大步行距离，但在其中点处（福建中路）建有一休闲广场（世纪广场），有鲜明的形象变化吸引行人，且有较多的休闲设施供人驻足。

12.3.2.2　街道的高宽比

街道的高宽比也叫作"路幅比"，是道路两边建筑物隔街的直线距离（D）与建筑物沿街高度（H）的比值。道路两边建筑物隔街的直线距离不等于道路宽度，而是城市规划机构划定的道路红线间距加上建筑物由道路红线向外退让的距离。

街道的高宽比直接影响到街道空间的积极与消极、开放与封闭，以及沿街建筑物立面的观赏等环境的视觉品质，也直接影响到日照、通风等环境的物理品质。普通建筑之间的距离如果太近，居北的建筑就会因居南的建筑的遮挡而不能享有充分的日照，甚至相互间还会有消防安全之虞；高层建筑之间的距离如果太近，除了日照、消防的隐患，还会加剧局部环境的热岛效应和狭管效应。建筑物隔街的直线距离如果太远，则会导致行人过街不便。

人的舒适视野约是一个60°顶角的圆锥的范围。布鲁曼菲尔特（H.Blumenfeld）据此认为，人如果要整体地看到建筑及其上一部分天空，那么建筑到视点的距离（D）与建筑高度（H）之比应该是2（$D/H=2$），即视线的仰角约为27°（图12-13）。海吉曼（W.Hegemann）与匹兹（E.Peets）也认为，在相距不到建筑高度2倍的距离内，人不能整体地看到建筑；如果要整体地看到一建筑群，那么建筑到视点的距离（D）与建筑高度（H）之比应该是3（$D=3H$），即视线的仰角约为18°。

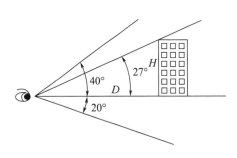

● 图12-13　整体观赏建筑的距离

芦原义信则提出，$D/H=1$的比例是空间的一个质的转折点。在$D/H>1$时，人有远离空间界面的感觉；在$D/H<1$时，人对空间界面有近迫之感；在$D/H=1$时，由建筑立面界定的空间存在着某种匀称性。芦原义信以人与人的间距为参照来说明建筑间距与空间气氛的关系（图12-14）。

当两个人非常接近时，人的脸部高度（$H=24\sim30cm$）与脸和脸之间的距离（D）之间达到$D/H<1$，即成为干涉作用很强而极为亲密的关系；达到$D/H\geq1$为普通关系；$D/H=2.3$，亦即60cm、90cm，是只能意识到脸部的恰当距离。当$D/H=4$，亦即相距1.2m时，只作为脸的距离

是过远了，但毋宁说成了对面相坐时的距离。这里，假设坐高（H'）约为1.2m，则再次产生了$D'/H=1$的均衡关系。在室外对面站立时，为了简单化，假定身高（H''）为1.8m，则间距1.8m时$D''/H''=1$，$D''=3.6m$时$D''/H''=2$，而当$D''=7.2m$、$D''/H''=4m$时，距离就已经过远了，不再是仅两个人面对面的距离了。

于是，芦原义信认为，建筑间距（D）与建筑立面高度（H）之比小于1时，两幢建筑开始相互干涉，再靠近就会有封闭的感觉。

希泰（C.Sitte）关于城市广场高宽比的结论与芦原关于建筑间距的见解大体一致，他认为，广场宽度的最小尺寸应等于主要的建筑物高度，最大不应超过建筑物高度的2倍，即广场的高宽比应是$1 \leqslant D/H \leqslant 2$。当$D/H<1$时，对广场而言，建筑与建筑之间的干涉过强；$D/H=2$时，建筑间距过大，建筑作为广场界面的作用过弱；$D/H$在1与2之间时，空间平衡，因而是最紧凑的比例。

芦原义信和希泰的观点，即D/H在1与2之间时，城市空旬存在着某种匀称性，在一些氛围宜人的城市街道上得到了证实。前述美国明尼阿波利斯的尼科莱德步行街的高宽比是0.8；上海黄浦、卢湾、徐汇等地区的旧街道，沿街大多是二三层楼的建筑，其檐口高度在7～12m上下，而道路宽度一般都在10～20m，路宽与沿街建筑高度之比在1～2之间，行人从马路的一侧可一眼看

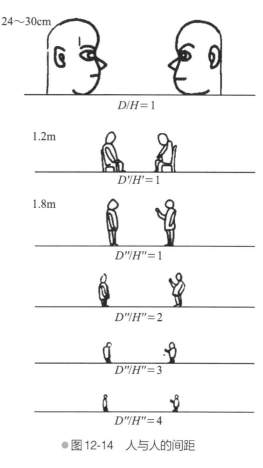

●图12-14　人与人的间距

●图12-15　淮海中路街道

到对侧沿街建筑的轮廓，相较于南京路步行街的一些非抬头仰望不得见到沿街建筑全貌的地段，视觉上要通透许多。这也许就是徜徉于这些旧街道上，即便是其中最繁华的淮海中路也丝毫没有拥塞感觉的秘密（图12-15）。

案例

圣安东尼滨河步道

    对于全球的设计师和工程师而言，这里是一个激发灵感的胜地。圣安东尼滨河步道是一座具有多重身份的公共公园，是这个城市主要的旅游目的地，每年吸引着数百万游客。公园内配备有效的雨洪控制工程设施，还有对得克萨斯州丰富植物的展示。滨河步道全年365天开放，由沿着圣安东尼河岸分布的人行道网络组成，步道平面略低于街道水平高度。沿线排布着酒吧、商店、餐厅和宾馆。公园不仅是一座吸引游客的圣地，同时也是一座绿色网络，连接起了从Alamo到河流中心餐厅等游客们的场所。

●图12-16　圣安东尼滨河步道

河流步道最初的设想是源于曾经在1921年9月袭击过这座城市的灾难性的洪水。为了应对灾难带来的数百万美元的损失和大量人员伤亡，市政府官员雇用了一家工程公司研究并提供预防措施以应对未来的雨洪侵袭。这家工程公司提出的方案是用水泥填满河流的各个部分，尽管当时获得了市政府官员的支持，然而却被多个组织成功地抗议并阻止了，其中就包括圣安东尼保护协会。

滨河步道很好地嵌入整个城市网络曲线中，完美契合了这座城市的城市设计、工程学、园艺学、建筑、景观和金融气息（图12-16）。

12.4 环境的物理因素与人机工效

12.4.1 人的感知特性概述

感觉是人脑对直接作用于感觉器官（眼、耳、鼻、舌、身）的客观事物的个别属性的反映。比如人们从自身周围的客观世界中看到颜色、听到声音、嗅到气味、尝到味道、触之软硬等都是感觉。

知觉则是人脑对直接作用于感觉器官的客观事物的整体属性的反映。例如，对于西瓜大家并不是孤立地感觉到它的各种个别属性，如颜色、大小、光滑程度、形状等，而是在西瓜，此基础上结合自己过去的有关知识和经验，将各种属性综合成为一个有机的整体，从而在头脑中反映出来，这就是知觉。

感觉和知觉都是人脑对当前客观事物的直接反映，但二者又是有区别的。感觉反映的是客观事物的个别属性，知觉反映的是客观事物的整体属性。在一般情况下，感觉和知觉又是密不可分的，感觉是知觉的基础，没有感觉，也就不可能有知觉，对事物的个别属性的反映的感觉越丰富，对事物的整体反应的知觉就越完整、越正确。在生产中感觉越敏锐，就为减少事故的发生，确保安全生产奠定了基础。同时，由于客观事物的个别属性和事物的整体总是紧密相连的，因此在实际生活中，人们很少产生单纯的感觉，而总是以直接的形式反映客观事物。例如，当你走在公路上时，后面来了汽车，汽车的马达声和喇叭声会传入你的耳朵，从而使你感觉到声音，但你一定会做出汽车来了的反应而且立即让路；又如车床上的螺钉松动，会使车工感觉到他在跳动或发出振动的声音，车工就会做出螺钉松动的反应，并立即作出拧紧螺钉的决定。正因为如此，人们通常把感觉和知觉合称为感知。

感觉和知觉是由于客观事物直接刺激人的各种感觉器官的神经末梢，由传入神经传到脑的相应部位而产生的，感觉有视觉、听觉、嗅觉、触觉（包括触觉、温度觉、痛觉）、味觉、运动觉、平衡觉、空间知觉以及时间知觉等。

机体生活在不断变化的外部的条件中，受到各种外界因素的作用，其中能被肌体感受的外界变化叫作刺激。每种感受器官都有其对刺激的最敏感的能量形式，这种刺激称为该感受器的适宜刺激。当适宜刺激作用于该感受器，只需很小的刺激能量就能引起感受器兴奋。对于非适宜刺激则需要较大的刺激能量。人体主要感觉器官的适宜刺激及感觉反应如表12-9所示。

表12-9　人体主要感觉器官的适宜刺激及感觉反应

感觉种类	感觉器官	适宜刺激	识别特征	作用
视觉	眼	光	形状、大小、位置、远近、色彩、明暗、运动方向等	鉴别
听觉	耳	声	声音的高低、强弱、方向和远近	报警、联络
嗅觉	鼻	挥发和飞散的物质	辣气、香气、臭气	报警、鉴别
味觉	舌	被唾液溶解的物质	甜酸、苦辣、咸等	鉴别
皮肤感觉	皮肤及皮下组织	物理或化学物质对皮肤的作用	触觉、痛觉、温度觉、压觉	报警
深部感觉	机体神经及关节	物质对机体的作用	撞击、重力、姿势等	
平衡感觉	前庭器官	运动和位置变化	旋转运动、直线运动和摆动等	调整

刺激包括刺激的强度、作用时间和强度时间变化率三个要素，将这三个要素作大小不同组合可以得到不同的刺激。能引起感觉的一次刺激必须达到一定强度，能被感觉器官感受的刺激强度范围称为感觉阈。刚能引起感觉的最小刺激量称为感觉阈下限，能产生正常感觉的最大刺激量，称为感觉阈上限。刺激强度不能超过刺激阈上限，否则，感觉器官将受到损伤。人体感觉的绝对阈限值见表12-10。

表12-10　人体感觉的绝对阈限值

感觉类型	阈值		感觉阈的直观表达（下限）
	绝对阈下限	绝对阈上限	
视觉	$(2.2\sim5.7)\times10^{-17}$J	$(2.2\sim5.7)\times10^{-8}$J	在晴天夜晚，距离48km处可见到蜡烛光（10个光量子）
听觉	2×10^{-5}Pa	2×10Pa	在寂静的环境中，距离6km处可听见钟表"嘀嗒"声
嗅觉	2×10^{-7}kg/m³		一滴香水在三个房间的空间打散后嗅到的香水味（初入室内）
味觉	4×10^{-7}硫酸试剂		一茶勺砂糖溶于9L水中的甜味（初次尝试）
触觉	2.6×10^{-9}J		蜜蜂的翅膀从1cm高处落在肩的皮肤上

在一定条件下感觉器官对其适宜刺激的感受能力受到其他刺激干扰而降低，这一特性称为感觉的相互作用。如同时输入两个视觉信息，人们往往只倾向于注意其中一种而忽视另一种。当听觉与视觉信息同时输入，听觉信息对视觉信息的干扰较大，而视觉信息对听觉信息干扰相对较小。

12.4.2 环境明暗与视觉

12.4.2.1　光的概念

光是一种能在人的视觉器官上引起光感的电磁辐射，其波长范围为380～780nm。在这个范围之外的，通常称为"线"和"波"。例如，波长大于780nm的红外线、无线电波等，和波长小于380nm的紫外线、X射线等。

人依赖不同的感觉器官从外界获取的信息中，有约80%来自视觉器官。光对人的视力健康和工作效率都有直接的影响，良好的照明环境是保证人正常工作和生活的必要条件。

（1）光源

自身能够发光的物体叫作发光体，物理学称之为光源。如果光源与照射距离相比，其大小可以忽略不计，这样的光源叫作点光源。点光源发射的光在空间是各处均匀的。光源附以适当的装置后，可以发射平行的光束，例如探照灯，或者，被照射的物体相对于光源或照射距离其体积极小，例如地球与太阳的关系，这时的光源叫作平行光源。

（2）光通量

光源发光时要消耗其他形式的能，例如电灯发光时要消耗电能，煤油灯和萤火虫发光时都要消耗化学能，所以，光源也就是一种把其他形式的能转变为光能的装置。前已述及，光是一种电磁辐射，物理学上把光源辐射出的光能与辐射所经历的时间之比称作光源的光通量。即，如果在 t 秒内通过某一面积的光能是 A，那么光通量就是这一面积的光能 A 与照射时间 t 的比值。

光通量与光谱辐射通量、光谱光视效率、光谱光视效能成正比。光通量用符号 ϕ 表示，单位是流明（lm）。1lm是1烛光的点光源在单位立体角内所发射的光通量。发光强度是1烛光的光源，它所发出的光通量就是4lm。

（3）发光强度

光通量描述的是某一光源发射出的光能的总量，但光能（光通量）在空间的分布未必是各处均等的。例如台灯带与不带灯罩，它投射到桌面上的光线是不一样的，加了灯罩后，灯罩会将往上投射的光向下反射，使向下的光通量增加，桌面就会亮一些。所以需要引入一个物理量——发光强度来描述光在空间分布的状况。光通量在空间的密度叫作发光强度。发光强度用符号 I_v 表示，单位是坎德拉（cd）。1cd是光源在1球面度立体角内均匀发射出1lm的光通量。

（4）照度

上述光通量和发光强度是就光源而言的，对于被照射的物体而言，需要引入照度的概念来衡量。照度是单位面积上光通量，也就是被照面上的光通量密度。照度用符号 E 表示，单位是勒克斯（lx）。1lx是1m^{2}的被照面上均匀分布有1lm的光通量。

照度的定义与实际情况是相符的。当被照面积一定时，该面积上得到的光通量越多，照度就越大；如果光通量是一定的，在均匀照射的情况下，被照面积越大，则照度越小。理解照度有一个感性实例：在40W白炽灯下1m处的照度约为30lx。

（5）亮度

照度相同的情况下，黑色和白色的物体给人的视觉感受是不一样的，白色物体看起来比黑色物体亮得多，这说明照度不能直接描述人的视觉感受。

发光物体在人的视网膜上成像，人主观感觉该物体的明亮程度与视网膜上物像的照度成正比。物像的照度愈大，人觉得该物体愈亮。视网膜上物像的照度是由物像的面积（与发光物体的面积 A 有关）和落在这面积上的光通量（与发光物体朝视线方向的发光强度 I_v 有关）所决定。视网膜上物像的照度与发光物体在视线方向的投影面 $A\cos\alpha$ 成反比，与发光物体朝

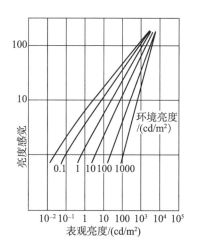

●图12-17　亮度感觉与表观亮度的关系

视线方向的发光强度I_V成正比，这种关系叫作亮度。所以，亮度是发光物体在视线方向上单位面积的发光强度。亮度用符号L_V表示，即$L_V=I_V/A\cos\alpha$，单位是坎德拉每平方米（cd/m^2）。

人主观所感觉的物体明亮程度，除了与物体表面亮度有关外，还与所处环境的明暗程度有关。同一亮度的表面，分别置于明亮和昏暗的环境中，人会觉得昏暗环境中的表面比明亮环境中表面的亮。图12-17所示的是亮度感觉与表观亮度的关系。该图说明，相同的物体表观亮度（横坐标）在环境亮度不同时，会产生不同的亮度感觉（纵坐标）。

（6）亮度与照度的关系

亮度与照度的关系指的是光源亮度与它所形成的照度之间的关系。反映该关系的是立体角投影定律：某一亮度为L_V的发光表面在被照面上形成的照度的大小，等于该发光表面的亮度L_V与该发光表面在被照点上形成的立体角Ω的投影（$\Omega\cos i$）的乘积。

该定律说明：某一发光表面在被照面上形成的照度，仅和发光表面的亮度及其在被照面上形成的立体角投影有关。

12.4.2.2　人的视觉特性

外界的光从瞳孔进入眼球，经晶状体和玻璃体在视网膜上投影成像，然后由视神经将该影像传递给大脑，形成视觉形象。眼球的水平解剖图见图12-18。

人的视觉有如下特性。

（1）视野

视野是眼睛不动时所能看到

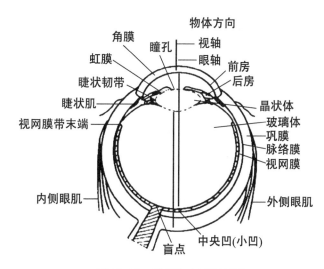

●图12-18　眼球的水平解剖图

的范围。若眼睛平视，人眼的视野在水平面内是左右各约94°；在垂直面内是向上50°，向下约70°（图12-19）。

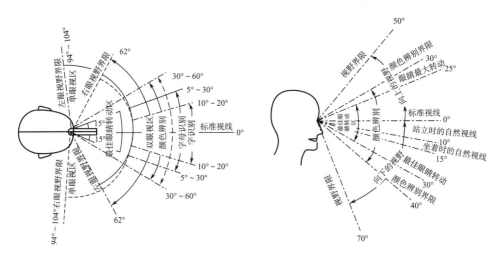

●图12-19　人的水平视野和垂直视野

　　视野有主视野和余视野之分。主视野位于视野的中心，分辨率较高，在20°的视野内，人有最高的视觉敏锐度，能分辨物体细部；在30°的视野内，人有清晰的视觉，即在距视觉对象的高度1.5 ~ 2倍的距离，人可以舒适地观赏视觉对象。余视野位于视野的边缘，分辨率较低，余视野即视线的"余光"，所以，为看清楚物体，人总是要转动眼球以使视觉对象落在主视野内。就环境设计而言，人的视野的特点要求将使用频率高或需要清晰辨认的物体置于主视野内，使用频率低的或提示性的、不重要的物体放在余视野内。有以下规则，重要对象：置于30°以内；一般对象：置于20° ~ 40°范围；次要对象：40° ~ 60°范围；干扰对象，例如眩光：置于视野之外。

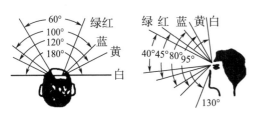

●图12-20　人对不同颜色的视野

　　在同一光照条件下，用不同颜色的光测得的视野范围不同。白色视野最大，黄蓝色次之，再次为红色，绿色视野最小。这表明不同颜色的光波被不同的感光细胞所感受，而且对不同颜色敏感的感光细胞在视网膜的分布范围不同。人对不同颜色的视野如图12-20所示。

表12-11是几种工作视距的推荐值。

表12-11　几种工作视距的推荐值

任务要求	举　　例	视距离/cm	固定视野直径/cm	备　注
最精细的工作	安装最小部件（表、电子元件）	12 ~ 25	20 ~ 40	完全坐着，部分地依靠视觉辅助手段
精细工作	安装收音机、电视机	25 ~ 35（多为30 ~ 32）	40 ~ 60	坐着或站着
中等粗活	印刷机、钻井机、机床旁工作	50 以下	80 以下	坐着或站着
粗活	包装、粗磨	50 ~ 150	30 ~ 250	多为站着
远看	黑板、开汽车	150 以上	250 以上	坐着或站着

（2）明暗视觉

明视觉是指在明亮环境中（若干cd/m²以上的亮度水平）的视觉。明视觉能够辨认物体的细节，具有颜色感觉，并且对外界亮度变化的适应能力强。暗视觉是指在黑暗环境中（0.001cd/m²以下的亮度水平）的视觉。暗视觉不能辨认物体的细节，有明暗感觉但无颜色感觉，且对外界亮度变化的适应能力低。

人眼能感觉到光的光强度。其绝对值是0.3烛光/in²（1in²=6.4516cm²）的十亿分之一。完全暗适应的人能看见50mile（1mile=1.609344km）远的火光。暗适应和亮适应曲线如图12-21所示。

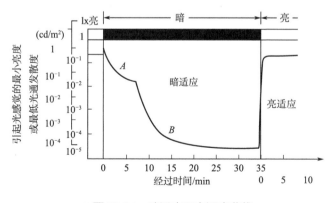

●图12-21　暗适应和亮适应曲线

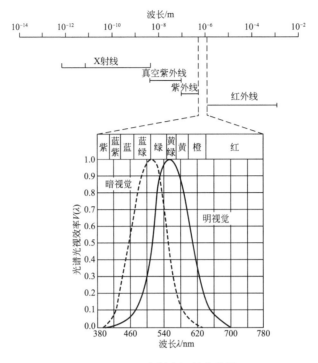

●图12-22 光谱光视效率曲线

（3）颜色感觉

在明视觉时，波长为380～780nm的电磁波能引起人眼的颜色感觉。波长在这个范围外的电磁波，例如紫外线、红外线，不能为人眼所感觉。

正常亮度下，人眼能分辨10万种不同的颜色。

（4）光谱光视效率

人眼观看同样功率的辐射，对不同波长的光波，感觉到的明亮程度是不一样的。这种特性常用光谱光视效率曲线来表示（图12-22）。明视觉曲线的最大值在波长555nm处，即黄绿光波段最觉明亮，愈向两边愈觉晦暗。换言之，人眼对波长为555nm的光，即黄绿光最敏感。暗视觉曲线与明视觉曲线相比，整个曲线向短波方向推移，长波段的能见范围缩小，短波段的能见范围扩大。

在不同亮度条件下人眼感受性的差异称为"普尔钦效应"（Purkinje Effect）。在做环境的色彩设计时，应根据环境明暗的可能变化程度，利用上述效应，选择相应的亮度和色彩对比，否则就可能在不同时候产生完全不同的效果，达不到预期目的。

（5）视觉残留

人眼经强光刺激后，会有影像残留于视网膜上，这种现象叫作"视觉残留"。电影的动态和连续的视觉效果就是依赖视觉残留而取得的。残留影像的颜色与视觉对象的颜色是补色的关系，例如，人眼受到强烈的红色光刺激后，残留影像是绿色的。

（6）视错觉

人的视觉感受与视觉对象的真实不一致的现象叫作视错觉（图12-23、图12-24）。视错觉可以由强光刺激、生活经验、参照对象等因素造成。

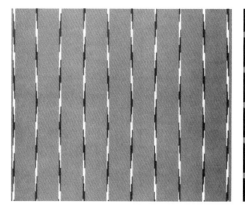

●图12-23 曲线视错觉：竖线似乎是弯曲的，但其实它们是笔直而相互平行的

●图12-24 网格视错觉：当你的眼睛环顾图像时，连接处的圆片会一闪一闪

环境和产品设计中常有视错觉的应用。例如，法国国旗红、白、蓝三个色块的宽度比为35∶33∶37，而人感觉这3个色块的面积相等，这是因为红色、白色相对于蓝色给人以扩张的感觉，而蓝色相对于红色、白色有收缩的感觉，所以要特意调整这三块色块的宽度比，使之符合人对"相等"的视觉感受。巴特农庙（Pathenon）中央微隆的台阶、四周列柱的侧脚，以及稍间收窄、明间略宽的处理，部分原因也是基于视错觉的考虑。

12.4.2.3　照明环境

良好的照明环境有利于提高工作效率，减少事故发生和人为差错。照明环境的设计至少应考虑3个方面的要求：①照度标准；②光线质量；③避免眩光。

（1）照度标准

不同环境中的视觉对象有不同的照度要求。就工作效率而言，同一条件下照度越大越好。

适当提高照度，不仅能减轻视疲劳，而且能提高生产率。所以发达国家都对其国内的各生产环境定有照度标准，它是环境照明设计必须符合的规范。

但照度越大，耗能就越多，所需的投资和日常开销也越大。所以，照度的确定既要考虑视觉需要，也要考虑经济的可能性和技术的合理性。

（2）光线质量

光线质量有两个方面的要求。

① 均匀稳定。
② 光色效果。

均匀稳定指的是光线在视野内亮度均匀且无波动、无频闪。光色效果涉及光源的色表和光源的显色性2个因素。光源的色表是光源所呈现的颜色；光源的显色性是不同的光源分别照射同一物体，该物体会呈现不同颜色的现象。

显色性用显色指数来表征。日光的显色性最佳，物体只有在阳光（白光）下才会显示其本色。规定阳光的显色指数为100，其他光源的显色指数都小于100，显色指数越小显色性越差。

（3）避免眩光

刺眼的光线叫作眩光，它是由视野内物体亮度悬殊产生的。眩光危害很多，它会降低视力，破坏暗适应，产生视觉残留，进而分散注意力，引起视疲劳，降低工作效率。所以，环境设计中应努力避免眩光。

眩光的产生有以下2种情况。

① 直接眩光：眩光源直接进入视野。
② 间接眩光：眩光经反射进入视野。

相应地，避免眩光应从以下2个方面考虑。

① 避免直接眩光：减小眩光源的发光面积；将眩光源移出视野；提高眩光源周围的亮度。
② 避免间接眩光：改变眩光源位置或改变反射面角度；更换反射面材质，使之不反射或少反射；提高反射面周围的亮度。

案例

深圳热点创意精品酒店光环境设计

设计师认为，光氛围的营造应该是有思想的，只有使用功能与设计哲学和装饰美感三者结合，才能产生优秀的作品（图12-25）。

● 图12-25　深圳热点创意精品酒店光环境设计

设计师结合用光区域的功能性和空间环境的艺术性，来选择灯具的材质、色彩、造型，并精心调节光照的亮度，通过光域网形成的明暗变化和色温差异，营造出合适的光影氛围，或温馨宁静，或幽深神秘，或奢贵华丽，或轻松趣味，与相对应光照区位的家具陈设和饰品摆设相映衬，又是一个景观小品，又有一个故事含义。

12.4.3 环境温湿度与人体工效

热湿环境又称微气候，指的是生产或生活环境里空气的温度、湿度、流速等因素构成的物理条件。

12.4.3.1 热湿环境因素

（1）空气温度

空气温度是空气冷热程度的指标。空气温度的测量有摄氏温度（℃）、华氏温度（℉）和绝对温度（K）3种。三种温标的换算公式如下：

$$t(K)=273+t(℃)$$
$$5t(℉)=9t(℃)+160$$

式中，$t(K)$为绝对温度；$t(℃)$为摄氏温度；$t(℉)$为华氏温度。

（2）空气湿度

湿度空气干湿程度的指标。湿度有绝对湿度和相对湿度2种。绝对湿度（f）是指在一定温度和压力下，单位体积（m^3）空气中所含的水蒸气质量（g）。相对湿度（Φ）是指空气的绝对湿度与同温、同压下该空气中饱和蒸汽量的百分比。

绝对湿度相同而温度不同的空气对人有不同的影响，所以通常用相对湿度指示空气的干湿程度。相对湿度在70%以上属高湿区。居住空间的相对湿度以40% ~ 60%为宜。

（3）气流速度（风速）

气流是由气压差引起的空气流动（风）。空气总是由高气压处往低气压处流动。空气流动的速度称为气流速度或空气流速或风速（m/s）。气流能促进人体皮肤表面散热，它是室内自然换气的原动力。室内气流速度可用热球微风仪测量。

（4）热辐射

热能借助于不同波长的各种电磁波的传递叫作热辐射。物体之间的热辐射取决于它们的表面温度差，表面温度差越大，辐射热越多。物体在单位时间、单位表面积上所射出的热量称为该物体的热辐射强度[J/(m² · min)]。热辐射可用黑球温度计测量。

空气的温度、湿度、流速、热辐射对人体的影响可以互相补偿。例如，人体受热辐射所获得的热量可以被低气温所抵消；高气温的影响可以通过增大风速来减弱。因此，热湿环境的因素对人体的影响要综合分析。

12.4.3.2　人体的热平衡与热舒适

（1）热平衡

人是恒温动物，基本恒定的体温是人体生命活动的保障。环境温度变化时，人需要通过生理调节或（和）行为调节来维持体温的正常。

体温的生理调节是指人体产热量与向外散热量相平衡的过程。人依赖体内营养物质的氧化获取热量，通过体表辐射、汗液分泌等途径散发热量。人体产热量与向外散热量如果不能平衡，人的体温就要上升或者下降。人体产热与散热的关系可用下式表示：

$$\Delta q = q_m - q_e \pm q_r \pm q_c$$

式中，Δq 为人体得失的热量，W；q_m 为人体产热量，W；q_e 为人体蒸发散热量，W；q_r 为人体辐射换热量，W；q_c 为人体对流换热量，W。

当 $\Delta q = 0$ 时，人体处于热平衡状态，体温恒定在36.5℃左右；当 $\Delta q > 0$ 时，体温上升；当 $\Delta q < 0$ 时，体温下降。

人体产热量 q_m 与人体的活动量有关。成年人在常温下静息时的产热量为90～115W，在从事体力劳动时，产热量可达580～700W。人未出汗时，蒸发散热量 q_e 是通过呼吸和无感觉的皮肤蒸发进行的。当活动加剧或环境较热时，人体出汗，q_e 随汗液的蒸发而上升。辐射换热量 q_r 取决于人体表面温度与环境温度的差。当周围物体的表面温度高于人体表面温度时，辐射换热的结果是人体得热，q_r 为正值；反之则人体失热，q_r 为负值。对流换热量 q_c 是人体表面与周围空气存在温差时的热交换值。当气温高于体表温度时，对流换热的结果是人体得热，q_c 为正值；反之则人体失热，q_c 为负值。

人通过生理调节来维持体温的能力是有限的，当生理调节不能满足人体热平衡时，人就通过行为调节来适应环境温度的变化，例如通过增减服装来调节人体保温、散热的条件，或通过空气调节来改善局部环境等。

（2）热舒适

人体热舒适的前提是人体热平衡，但热平衡不等于热舒适，因为人体热平衡可以通过最大的生理调节来实现，例如出汗和寒战，显然，出汗和寒战都不是舒适的状态。舒适是指不存在任何不舒适因素，是主观感觉和生理指标的综合评判。

人对环境温度的感觉分为5个区：不舒适热区、热湿区、舒适区、寒战区、不舒适冷区。在舒适区，人的汗腺仅有少量活动，皮肤潮湿面积小于20%；当皮肤潮湿面积大于20%时，人开始有不舒适的热感觉。在血管中等程度收缩和四肢皮肤发凉的水平，人会有不舒适的冷感觉，发展下去就会出现寒战性体温调节，人感觉寒冷。

人可以通过服装和活动水平的调节改变对环境温度的感觉，因此，人体热舒适是人、服装、环境温度之间生物热力学的综合平衡。

有效温度、不快指数、热舒适指数是热舒适评价的常用概念。有效温度（ET，effection temperature）是美国Yaglon等人在19世纪20年代提出的一种热舒适指标。该指标包括的因素有：气温、空气湿度、气流速度，它以受试者的主观反应为评价依据。

不快指数（DI）也是一种以受试者的主观反应为评价依据的指标。当DI<70时，大多数人感觉舒适；当DI=70～74时，有部分人感觉不舒适；当DI>75时，大多数人感觉难以忍受。不快指数增大，表明热湿环境对学习、工作有不良影响。通常，气温在15.6～21℃，相对湿度在30%～70%时，热湿环境处于人体感觉的舒适区。

12.4.3.3 热湿环境对人体健康和工效的影响

（1）过热环境

过热环境对人体健康的效应主要表现在两个方面。

① 皮肤温度升高。皮肤温度过高可引起皮肤组织灼伤。皮肤温度与人体生理反应与主观反应的关系见表12-12。

表12-12 皮肤温度与人体生理反应与主观反应的关系

皮肤温度/℃	生理反应与主观反应
35～37	感觉温热
37～39	感觉热
39～41	一过性痛阈
41～43	烧灼痛阈
>45	组织损伤

② 体温升高。前述当Δq>0时，体温上升，人体有热积蓄，呼吸和心率加快，有时可达正常值的7倍之多。持续的过热环境会导致人体热循环机能失调，发生急性中暑或热衰竭。热衰竭表现为全身倦怠、食欲缺乏、头晕恶心等症状，严重时，人会昏厥甚至死亡。当体温达到42℃时，个别人会立即死亡。

通常，环境温度在27 ~ 32℃时，人体肌肉的工作效率开始下降；当环境温度达32℃以上时，人的注意力和精密工作的效率开始下降。所以，温度在32℃以上的环境是不适宜人有效开展工作的。

（2）过冷环境

低温环境会引起人体全身过冷或局部过冷。全身过冷时，当体温略有下降，人体会通过肌肉收缩（抖颤）来急速产热以维持体温。若体温继续下降，人体除通过肌肉剧烈抖颤来产生更多的热量外，还会通过血管收缩，使血压上升，心率增快，内脏血流量增加，以增加代谢产热量和减少皮肤散热量。前已述及，人通过生理调节来维持体温的能力是有限的，当体温降至30 ~ 33℃时，肌肉由抖颤变为僵硬，失去产热的能力。当体温降至30℃时，个别人会立即死亡。常见的局部过冷的结果，是人的手、足、耳、面颊等外露部分的冻伤。此外，长期在低温高湿环境（例如冷库）中作业，会发生肌痛、神经痛等病症。

在过冷环境中，人的触觉辨别准确率会下降，肢体灵活性和动作精确度会下降，视反应时间会延长。体温略有下降，人就会萌生睡意，思维速度随之降低。也就是说，过冷环境对体力劳动和脑力劳动的效率都有负面作用。

案例

澳洲水下公园

如图12-26所示，初看上去会觉得这只是一个潜水员在探索水下世界，仔细再看看，您会发现水下有真的树木、小桥、甚至公园长椅。

绿湖位于澳大利亚特拉格斯白雪皑皑的山间，平时水深仅1m。一年中的大部分时候，游客们都可以轻松漫步于这座位于绿湖畔的公园，欣赏优美的风光。但一旦天气变暖，来自附近卡斯特山脉融化的雪水就会顺势而下流进湖里，水位就开始上涨，淹没整个公园。

由于接受这些雪水，绿湖的面积每年都会扩大一倍。绿湖泛滥时的水深可达

12m，面积是平时的两倍，从2000m^{2}增加到超过4000m^2，水温大致是7℃。清澈见底的湖水吸引了不少潜水爱好者。

这座神奇的湖底公园只有每年春季的一个月左右可以潜水，而且每天的最佳日照角度也只持续一段很短的时间。

●图12-26　澳洲水下公园

12.4.4 环境噪声与人体工效

12.4.4.1　声音概述

人耳是人体中最令人惊奇的器官之一，人耳分为外耳、中耳和内耳，其结构见图12-27。

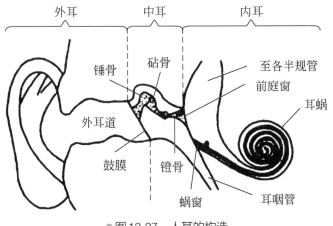

●图12-27　人耳的构造

续表

人耳的听觉特征包括：

① 人耳的可听范围；

② 人耳可听声音的强度；

③ 方向敏感度；

④ 掩蔽效应。

声音是由振动产生的，按其振动与振动组合的特点有两种：噪音与乐音。噪音也叫噪声，是不同频率、不同强度的声波无规律的组合，例如工厂机器的轰鸣、各种工具的撞击、马路人群的喧闹等。乐音是不同频率的声波有规律的组合。

（1）频率

发声体在单位时间内的振动次数叫作频率。频率用符号f表示，单位是赫兹（Hz）。1Hz是发声体在1s内振动1次。人的听觉的频率范围是20 ~ 20000Hz。频率超过20000Hz的叫超声波，低于20Hz的叫次声波。超声波和次声波都不能被人听到。在人的听觉的频率范围内，频率低于300Hz的称低频，频率在300 ~ 1000Hz的称中频，频率超过1000Hz的称高频。

（2）周期

发声体完成1次振动所需的时间叫作周期。周期用符号T表示，单位是s。所以，频率与周期互为倒数，即$f=1/T$。

（3）波长

振动质点每振动1次所经过的距离叫作波长。波长用符号λ表示，单位是m。波长与频率的关系是：波长小，频率高；波长大，频率低。

（4）声速

声波在单位时间内的传播距离叫作声速。声速用符号c表示，单位是m/s。声速与频率的关系是：$c=\lambda f$。声波在不同介质中有不同的传播速度，固体中声速最快，液体中次之，空气里最慢，约为340m/s。

（5）声压

声波作用于物体上的压力叫作声压。声压用符号p表示，单位是帕斯卡（Pa）。人的听觉的声压范围是0.00002 ~ 20Pa。人能听到的最小声压叫作听阈，即0.00002Pa；使人耳痛的声压叫作痛阈，亦称可听高限，为20Pa。

（6）声压级

声压级是声压的相对值。声压级用符号L_p表示，单位是分贝（dB）。声压级与声压的关系是：

$$L_p=20\lg（p/p_0）$$

式中，L_p为声压级，dB；p为声压，Pa；p_0为参考基准声压，0.00002Pa。

人能听到的最小声压，即听阈（0.00002Pa）国际上统一定为0dB（A）；把人耳的可听高限，即痛阈（20Pa）定为120dB（A）。所以，人的听觉的声压级范围是0 ～ 120dB（A）。如表12-13所列是常见环境的声压级与声压。

表12-13　常见环境的声压级与声压

环　　境	声压级/dB（A）	声压/Pa
飞机起飞	120 ～ 130	20 ～ 60
织布车间	100 ～ 105	2 ～ 3
冲床附近	100	2
地铁	90	0.6
大声说话（1m）	70	0.06
正常说话（1m）	60	0.02
办公室	50	0.006
图书馆	40	0.002
卧室	30	0.0006
播音室	20	0.0002
树叶声	10	0.00006

（7）响度

听觉判断声音强弱的主观量叫作响度。响度用符号N表示，单位是"sone（宋）"。

（8）响度级

响度级是响度的相对值。用符号L_N表示，单位是"phon（方）"。响度级与响度的关系是：

$$L_N=40+10\lg2N$$

式中，L_N为响度级，phon；N为响度，sone。

一般声压级越大，响度也越响，但二者并无正比关系（表12-14）。

表12-14　声压级与响度感觉

声压级变化/dB（A）	响度感觉
1	几乎察觉不出
3	刚可察觉
5	明显改变
10	加倍的响（或轻一半）

12.4.4.2　噪声危害

一定声压级以上的噪声可使人产生听觉疲劳和噪声性耳聋。在10～15dB（A）的噪声作用下，人的听觉的敏感性下降，听阈相应提高，人离开该噪声环境后，听阈在几分钟内就能恢复到原来的水平，这种现象叫作听觉适应。在15dB（A）以上的噪声持续作用下，人离开该噪声环境后，听阈需较长时间才能恢复到原来的水平，这种现象叫作听觉疲劳。

在一定声压级以上的噪声的长期作用下，人离开该噪声环境后，听阈不能恢复到原来的水平，这种现象叫作听阈位移。听阈位移达25～40dB（A）时为轻度耳聋；听阈位移达40～60dB（A）时为中度耳聋；听阈位移达60～80dB（A）时为重度耳聋。

噪声可对人的生理活动产生不良影响。有研究表明，在超过85dB（A）的噪声作用下，人会出现头痛、头晕、失眠、多汗、恶心、乏力、心悸、注意力不集中、记忆力减退、神经过敏，以及反应迟缓等症状。80～90dB（A）的噪声对人的心血管系统会有慢性损伤，使人产生心跳过速、心律不齐、血压增高等生理反应，并且可引起消化系统障碍。有研究表明，80～85dB（A）的噪声可使胃的蠕动次数减少37%，60dB（A）以上的噪声，可使唾液量减少44%。115dB（A）、800～2000Hz的噪声可明显降低眼对光的敏感性。

噪声也可对人的心理活动产生不良影响。噪声能加重人的烦恼、焦急等不愉快情绪。噪声引起人的烦恼的程度与噪声级、噪声频率、噪声变化以及人的活动性质、个体状况等有关。噪声级越高，引起烦恼的可能性越大。有试验表明，频率较高的噪声比响度相同而频率较低的噪声容易引起烦恼；强度或频率不断变化的噪声比强度或频率相对稳定的噪声容易引起烦恼；在住宅区，60dB（A）的噪声即可引起很大的烦恼；在相同噪声环境中，脑力劳动比体力劳动容易引起烦恼。

多数情况下，噪声会妨碍人的生活和工作。在40～50dB（A）的噪声作用下，入睡的人的脑电波已有觉醒反应；65dB（A）的噪声会明显干扰人的正常谈话。噪声引起的烦躁、疲劳、反应迟钝，最终会导致工作效率降低和差错率上升。

12.4.4.3　噪声利用

噪声会妨碍人的生活和工作，但某些情况下，噪声可能是有益的，因为它能刺激人的注意力，汽车喇叭和轮船鸣笛都是其例。有试验表明，被试者在测试前一夜未睡，他在喧闹环境中的工作成果，比他在安静环境中的要好。老年被试者在安静环境中的工作速度和准确性都不及年轻被试者，但他在噪声环境中的工作速度和准确性都较好。所以，噪声有害无益的观点是有失偏颇的、不全面的。

12.4.4.4　噪声标准

噪声普遍存在，完全消除或隔绝噪声是做不到的，也是不必要的。但噪声的控制是必需的，在工厂车间，要保证噪声不致引起耳聋和其他疾病；在机关、学校、科研机构，要保证正常的工作和学习不受噪声的干扰；在居住区，起码要满足休息和睡眠对噪声环境的要求。

世界各国广泛使用A声级作为噪声评价的标准。按适用范围的不同，噪声标准分为两大类：听力保护噪声标准和环境噪声标准。听力保护噪声标准一般以85dB（A）为标准值；环境噪声标准一般以35～45dB（A）为基本值，再根据具体情况加以修正。

12.4.4.5　噪声控制

噪声控制有以下三个基本途径。

（1）控制噪声源

控制噪声源即减少噪声的产生或降低噪声的强度，这是控制噪声最直接、最有效的途径。例如：减少机器摩擦、降低空气流速、减小零件缝隙等。

（2）干扰噪声传播

干扰噪声传播的方法主要有：利用构筑物、建筑物或地形作为屏障，阻断噪声传播的路径；利用声波的指向性，采用合理的硬件措施，引导噪声向上空或野外排放；在噪声源周围采用隔声、吸声、隔振、阻尼等局部措施，限制其传播距离。

（3）加强个人防护

噪声危害的个人防护主要依赖防护器具的效用。常见的个人防护器具有橡胶或塑料制的耳塞、耳罩、声帽等。不同材料的防护器具对不同频率噪声的衰减作用是不同的,因此,应根据噪声的频率特性,选择适宜的防护器具。

案例
自然化的安静步行花园

为了让市民可以享受高质的生活和友好的城市环境,需要建设一个自然化的安静步行花园(图12-28)。Territoires的方案在公开竞赛中夺得头筹,历经多年,这个位于繁忙交通枢纽之上的花园于2011年开放。花园内部允许人行和自行车通行,其外部未影响周围原有的交通,且避开交通噪声等不利影响。

●图12-28 自然化的安静步行花园

12.5 人的心理、行为与空间环境设计

由于文化、社会、民族、地区和人本身心情的不同，不同的人在空间中的行为截然不同，故对行为特征和心理的研究对空间环境设计有很大的帮助。

12.5.1 心理空间

（1）个人空间

霍尔（E.T.Hall）提到："我们站的距离的确经常影响着感情和意愿的交流。"每个人都生活在无形的空间范围内，这个空间范围就是自我感觉到的应该同他人保持的间距和距离，我们也称这种伴随个人的空间范围圈为"个人空间"（图12-29）。

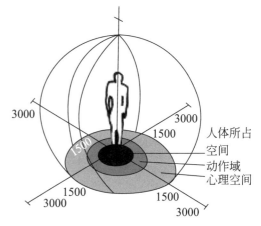

●图12-29　个人空间（单位：mm）

（2）领域空间

领域空间感是对实际环境中的某一部分产生具有领土的感觉，领域空间对建筑场地设计有一定帮助。纽曼将可防御的空间分为公用的、半公用的和私密的三个层次，环境的设计如果与其结合就会给使用者带来安心感（图12-30）。

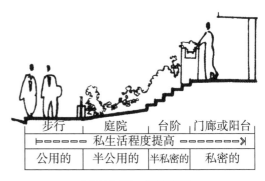

●图12-30　领域空间

（3）人际空间

霍尔将人际交往的尺寸分为四种：亲昵距离（0.15～0.6m）、个人距离（0.6～12m）、社会距离（1.2～3.6m）和公众距离（3.6m以上），人的距离随着人与人之间的关系和活动内容的变化而有所变化（图12-31）。

交往距离尺度如图12-32所示。

● 图12-31 人际交往尺度（单位：mm）

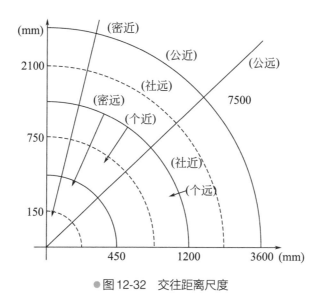

● 图12-32 交往距离尺度

12.5.2 心理、行为与空间环境设计

建筑设计与建筑空间环境的营造主要是为了满足人在空间中的需要、活动、欲望与心理机制，通过对行为和心理的研究使城市规划和建筑设计更加满足其要求，以达到提高工作效率、创造良好生活环境的目的。以下事例阐述了个人领域空间和人际交往距离的研究对空间功能分区和家具设计的影响。

（1）向心与背心

独处或需要私密空间的人喜背向而坐，以保持个人空间，向心型、向外型、隔离型家具与环境可为人们创造相对私密、独立的空间环境。交谈的人的个人空间较小，喜相向而坐，有围绕、面对面、向心型家具及环境设计，能够诱发交往行为（图12-33）。

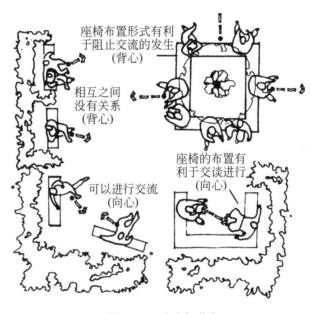

●图12-33　向心与背心

（2）空间层次

优秀的空间设计应创造适于不同群体交流的场所，根据人际距离和人群不同需求设置空间，应层次丰富，趣味性强，引发交往的产生。

案例

玩耍的场地——幼儿园操场设计

现有操场比较传统和拘谨，孩子们在此可做的游戏有限，且不利于孩童的智力发育，"玩耍的场地"这一方案的提出就是为了突破这一局限，创造一个全新的更适合孩子们玩耍的游乐场地。

新场场充分挖掘孩子们的感知和探索的天性，并能够发展孩子们的社交能力。这一设计提供了宽泛，有弹性的游戏概念，同时能够承担一大部分户外活动。1.2m高的木质隔板组成的"螺旋空间"分布于场地中，为使用者提供了一定的私密性。这些"螺旋"是仿照蜗牛壳形状设计的。分区设计为孩子创造自己的游乐天地，同时又方便老师看到里面的情况，从而确保活动的安全性。场地中的另一重要元素便是贯穿于其中的蜿蜒的自行车道，为孩子们提供趣味性的骑行体验（图12-34）。

● 图12-34 幼儿园操场设计

13

现代环境艺术
设计发展趋势

在新的历史时期，环境艺术设计具有更加广阔的学科视野和研究范围，以整个人居环境为设计的中心，更加注重环境生态、人居质量、艺术风格、历史文脉和地域特色，其发展趋势体现在以下几个方面。

13.1　回归自然化

随着环境保护意识的增长，人们向往自然，喝天然饮料，用自然材料，渴望住在天然绿色环境中。北欧的斯堪的纳维亚设计的流派由此兴起，对世界各国影响很大，在住宅中创造田园的舒适气氛，强调自然色彩和天然材料的应用，采用许多民间艺术手法和风格。在此基础上设计师们不断在"回归自然"上下功夫，创造新的肌理效果，运用具象的、抽象的设计手法来使人们联想自然。

案例

犹他自然历史博物馆

犹他自然历史博物馆位于盐湖城落基山瓦萨奇山脉崎岖不平的山麓之上，如图13-1所示，设计团队重现了当地地形的荒凉之美，恍若无人之境。这座博物馆在提供研究和展览空间的同时，也将游客置于自然世界中。该建筑有机地汲取自然景观元素，无论是从板状混凝土地基、面积约3900m^{2}的立缝铜镶板，还是到模拟山体岩石的水平带外层。

● 图13-1　犹他自然历史博物馆

13.2　整体艺术化

随着社会物质财富的丰富，人们要求从"物的堆积"中解放出来，要求室内各种物件之间存在统一整体之美。室内环境设计是整体艺术，它应是空间、形体、色彩以及虚实关系的把握，功能组合关系的把握，意境创造的把握以及与周围环境的关系协调。许多成功的室内设计实例都是艺术上强调整体统一的作品。

案例

上海最美书店钟书阁

占据街角的钟书阁泰晤士小镇书店总共两层。这是一个用精美书籍作为功能和装饰主题的怡情去处。伟大经典书籍的智慧精华直接呈现在钟书阁的立面上，它们根本就是一种宣言，表明钟书阁就是商业化小镇上骄傲的文化旗帜。

一楼是书的迷宫。书店的主要空间为一块完整的方形区域，设计师将其划分成九宫格，亦为迷宫。首层的主要空间被书架格成九间书房，每间书房按书籍门

●图13-2　一楼是书的迷宫

类设置，但它们更有不同的生活主题，因为书房从来就不是单纯的阅读场所，书房是阅读、品茗、小酌、咖啡、交心，更或者读到会意处嫣然一笑，看到知己会心颔首的领地。于是九间书房组成了书籍的迷宫，指引路径的是澄净人心的知识（图 13-2）。

二层是书的圣殿。二层的主要空间为坡顶的高耸空间，设计师希望将其加以利用，创造出特殊的空间体验。设计师再次用了书架，这一书店的必需品作为隔断，围合出中心的图书"圣殿"，"圣殿"内部以镜面和白色为主，弧形的书架将整个空间包裹，"圣殿"的顶面是镜面，书架后靠板亦是镜面，置身其中，仿佛坠入时空中的书海，亦有通天之感。"圣殿"外围是一圈走廊，外层亦为书架，上以书画册为主，内侧的黑色镜面上则用于挂各种画作。在这个人间天堂，不止有一种选择，钟书阁不仅提供了极致的阅读，还为小型图书展提供了一个极致的展示空间，而这个空间背后，更隐藏了一个沪上最雅致的画廊（图 13-3）。

联系书店一二层的空间是书的阶梯。地面用书铺满，上面盖以玻璃，读者便可自由地漫步在书海之上，四周墙面亦为书籍，设计师的匠心独运成功地将地面的传统功能消解（图 13-4）。

●图 13-3　二层是书的圣殿　　　　●图 13-4　联系书店一二层的空间
　　　　　　　　　　　　　　　　　　　　　　　　是书的阶梯

●图13-5　立面设计

　　两侧的立面设计更为有趣，一侧立面，设计师将门面原有普通玻璃换成印有各类人文科学知识的印刷玻璃，并加上悬挑向前的拱形雨棚和写有"钟书阁"三个字的匾额，平添了几分人文气息。另一侧，设计师用同样的印刷玻璃将门和橱窗以相同的形式包裹，简洁亦不失品味（图13-5）。

13.3　科技智能化

　　现今科学技术的发展也极大地影响并改变着环境艺术设计的概念，各种新的设计形式和风格也随之产生。科技的发展使智能化渐入设计理念之中，丰富了环境艺术的表现力和感染力，为设计者提供了广阔的空间和较高的设计质量。作为和人类的生活息息相关的环境艺术设计，将更多的科学技术融入其中是自然的，新的科学技术会让设计变得更加科学合理。新的科学技术能够拓宽环境艺术设计的设计领域，为其带来多变的设计形式、设计方向与设计方法。

案例
感应式可适应混凝土屏风

位于迪拜的NOWlab利用bigrep ONE 3D打印机以及3D打印模板，开发出"感应式可适应混凝土屏风"。设计者将参数化设计工具与大规模3D打印组合在一起，制作出一面混合型混凝土墙，用手触碰混凝土墙壁外表面，可将感应部分激活，实现封闭与开放状态的合并。具体触发物是一个内置传感器，通过在结构内部结合多种不同3D打印元件完成设置，如图13-6所示。

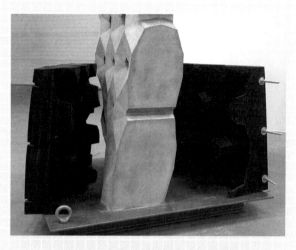
●图13-6　用来浇筑墙壁的3D打印模板

这种混凝土表面的功能化可以使更多的功能设计得以实现，即任何可以想象出的混凝土表面都可以成为一个开关，如设计者可将被电容传感器控制的六角形灯具嵌入混凝土墙壁等等，如图13-7所示。

●图13-7　六角形灯具嵌入到混凝土墙壁上

13.4　高度民族化

越是民族的就越是世界的，在发展全球化的过程中，很多城市都在追求和国际接轨、发展世界性，却往往会忽视民族性。中国的设计者们为了能够快速地提高自身的设计能力，对国外的优秀设计进行积极的研究与学习，对国外的优秀经验进行吸收，这种做法虽然具有一定的可取之处，如发展了现代化设计，但是也在学习和借鉴的过程汇总失去了传统。所以我们在发展本国的环境艺术设计时，走出一条富有中华民族传统特色的设计之路。在坚持属于我们自己特色的同时，我们的设计水平也会更加成熟，更加具有民族化。相信在未来的环境艺术设计领域中，将是民族化设计的天下。

 案例

苏州博物馆新馆

苏州博物馆新馆由贝聿铭先生设计，建筑总面积15391m²，分首层、二层、地下一层。主要有展厅、公共空间、行政办公区、库房等功能，绿地占地率为42.4%。新馆建筑群被分成三大块：中央部分为入口、大堂和主庭院；西部为博物馆展厅；东部是行政办公区、教育区和饭店。这种类似三条轴线的布局，和东侧的忠王府格局十分和谐；东、西两侧的院落式组合和周边的合院式住宅相呼应；最为独到的是中轴线上的北部庭院，不仅使游客透过大堂玻璃可一睹江南水景特色，而且庭院隔北墙直接衔接拙政园之补园，新旧园景融为一体。这种在城市肌理上的嵌合，还表现在东北街河北侧1～2层商业建筑的设计，新馆入口广场和东北街河的贯通；亲仁堂和张氏义庄整体移建后作为吴门画派博物馆与民族博物馆区相融合，保留忠王府西侧原张宅"小姐楼"（位于补园南、行政办公区北端）作为饭店和茶楼用等；新址内唯一值得保留的挺拔玉兰树也经贝先生设计，恰到好处地置于前院东南角（图13-8、图13-9）。

新馆的建筑色彩，沿用了苏州传统民居的建筑中的"灰和白"为基调（图13-10）。

● 图 13-8　苏州博物馆新馆

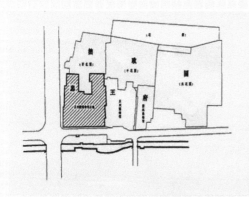

● 图 13-9　占用简图

● 图 13-10　"灰和白"为基调

● 图 13-11　采用现代钢结构

● 图 13-12　由窗取景

这种整体式地解读贝先生的新馆为要旨，以及贝先生在建筑材料、结构细部、室内设计等方面的独特创意。主要可能采用现代钢结构。加之木质边框和白色天花，同时，木贴面的金属遮光条取代了传统建筑的雕花木窗，因此光线柔和，便于调控，以适宜博物馆展陈（图13-11）。

在空间上，书画厅巧用九宫格，中间贯通，对表达条幅式书画的用光和所需墙面十分有利；首层展厅与天窗廊道由墙隔断分开，人漫步廊道，展厅的构架、天花和木边使人联想起中国古建筑的语言，而廊窗外的一个个庭院，由窗取景，若隐若现（图13-12）。而这所有的组织，贝先生是以非常简明、便捷、出神入化的建筑语言来表达的。

中国传统建筑的老虎天窗在这里得到了传承，他大面积使用了玻璃天棚（图13-13），观众透过玻璃的折角看到天空，大量采用自然光，且节能环保。

他设计的紫藤园是参观休息的地方，对此贝老做了精心的思考。这棵蟠龙般的古紫藤，是从隔壁拙政园的紫藤上嫁接而来的，它延续了姑苏的文脉气息（图13-14）。

● 图13-13　大面积使用玻璃天棚

●图13-14　蟠龙般的古紫藤

13.5　可持续发展化

　　尊重自然、生态优先是环境艺术设计最基本的内涵，这一内涵要求环境艺术设计必须打破"人类中心论"的枷锁，充分认识到人是自然的一部分，建立新的环境设计理念，充分整合资源，使新时期的规划和设计从传统的粗放型转向高效的集约型。生态和谐是永恒不变的主题，人类的生活无法离开自然环境，所以保护自然就是我们与生俱来的不可停止、不可推卸的义务与责任。对自然环境的破坏，最后必然会给人类自身带来毁灭性的灾难，因此，注重生态化环境设计的发展是必然的。

案例

Main Point Karlin 办公楼

位于捷克的 Main Point Karlin 办公大楼以其独特的可持续性设计理念和高科技的技术获得了许多赞誉之声。设计团队在办公大楼的许多方面做到了可持续发展设计要求，例如在夏季利用伏尔塔瓦河水使大楼降温的设计，取消了对空调压缩机与制冷机的需求。外立面的材料为玻璃纤维混凝土，该材料的应用不仅仅是审美上的考虑，同时更进一步起到有效地调节室内温度，减少阳光直射的功能需求（图13-15）。

●图13-15　Main Point Karlin办公楼

13.6　服务便捷化

城市人口集中，为了高效方便，重视发展现代服务设施的便捷化变得越来越重要。给人们来高效率和方便，更加强调以"人"这个主体是其根本出发点。

案例
墨尔本医疗福利办公大楼

澳大利亚卫生健康组织Medibank的办公环境可谓处处体现了该企业的价值观——健康与福利。

满眼的错综复杂的楼梯给人的感觉非常震撼，很酷。通常我们会很关注我们要到达的地点，而往往忽略到达过程所处的空间，而这个特殊处理的楼梯则成为这里空间的焦点，几乎从任何地点都可以"感受"到它的存在，达到不被忽略的目的。曲线形的线条以及丰富的分层色彩让空间充满活力，让人有想要去"走"它的冲动。楼梯连接的每一层都直接面对自由开敞的办公区域，所以其使用相当便捷，从而创造出一个强调运动、灵活、自由、互动的办公空间（图13-16）。

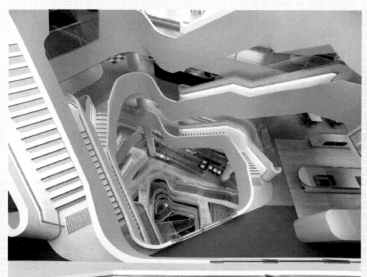

●图13-16　墨尔本医疗福利办公大楼

参考文献

[1] 李蔚青.环境艺术设计基础.北京：科学出版社，2010.

[2] 周樱.环艺设计.上海：上海人民美术出版社，2009.

[3] 布莱恩·布朗奈尔著.建筑设计的材料策略.田宗星，杨轶译.南京：江苏科学技术出版社，2014.

[4] 刘秉琨.环境人体工程学.上海：上海人民美术出版社，2007.